《中国大百科全书》普及版

RUHUAJIANGSHAN QIANZIBAITAIDEDADI

U0232120

如画江山

千姿百态的大地 【中国地理卷】

中国大百科全书出版社

图书在版编目（CIP）数据

如画江山：千姿百态的大地／《中国大百科全书：普及版》
编委会编.—北京：中国大百科全书出版社，2013.8
　（中国大百科全书：普及版）
ISBN 978-7-5000-9220-9

Ⅰ.①如…　Ⅱ.①中…　Ⅲ.①地理－普及读物　Ⅳ.①K9-49

中国版本图书馆CIP数据核字（2013）第180595号

总　策　划：刘晓东　陈义望
策划编辑：王　杨
责任编辑：刘　艳
装帧设计：童行侃
出版发行：中国大百科全书出版社
地　　　址：北京阜成门北大街17号　　邮编：100037
网　　　址：http：//www.ecph.com.cn　　Tel：010-88390718
图文制作：北京华艺创世印刷设计有限公司
印　　　刷：天津泰宇印务有限公司
字　　　数：74千字
印　　　张：7.5
开　　　本：720×1020　　1/16
版　　　次：2013年10月第1版
印　　　次：2018年12月第8次印刷
书　　　号：ISBN 978-7-5000-9220-9
定　　　价：25.00元

前言

　　《中国大百科全书》是国家重点文化工程，是代表国家最高科学文化水平的权威工具书。全书的编纂工作一直得到党中央国务院的高度重视和支持，先后有三万多名各学科各领域最具代表性的科学家、专家学者参与其中。1993年按学科分卷出版完成了第一版，结束了中国没有百科全书的历史；2009年按条目汉语拼音顺序出版第二版，是中国第一部在编排方式上符合国际惯例的大型现代综合性百科全书。

　　《中国大百科全书》承担着弘扬中华文化、普及科学文化知识的重任。在人们的固有观念里，百科全书是一种用于查检知识和事实资料的工具书，但作为汲取知识的途径，百科全书的阅读功能却被大多数人所忽略。为了充分发挥《中国大百科全书》的功能，尤其是普及科学文化知识的功能，中国大百科全书出版社以系列丛书的方式推出了面向大众的《中国大百科全书》普及版。

　　《中国大百科全书》普及版为实现大众化和普及化的目标，在学科内容上，选取与大众学习、工作、生活密切相关的学科或知识领域，如文学、历史、艺术、科技等；在条目的选取上，侧重于学科或知识领域的基础性、实用性条目；在编纂方法上，为增加可读性，以章节形式整编条目内容，对过专、过深的内容进行删减、改编；在装帧形式上，在保持百科全书基本风格的基础上，封面和版式设计更加注重大众的阅读习惯。因此，普及版在充分体现知识性、准确性、权威性的前提下，增加了可读性，使其兼具工具书查检功能和大众读物的阅读功能，读者可以尽享阅读带来的愉悦。

百科全书被誉为"没有围墙的大学"，是覆盖人类社会各学科或知识领域的知识海洋。有人曾说过："多则价谦，万物皆然，唯独知识例外。知识越丰富，则价值就越昂贵。"而知识重在积累，古语有云："不积跬步，无以至千里；不积小流，无以成江海。"希望通过《中国大百科全书》普及版的出版，让百科全书走进千家万户，切实实现普及科学文化知识，提高民族素质的社会功能。

2013 年 6 月

目录

第一章 无限风光在险峰——山地

[一、山地]

海拔高度 500 米以上、地表相对高度大于 200 米、坡度较陡的高地。陆地表面的基本地貌类型之一。

山地是地壳构造运动的结果。地壳由若干个大的板块组成，又分为大陆板块和海洋板块。板块之间的相对运动引起大陆板块和海洋板块的聚合，海洋板块隐没在大陆板块之下，两板块接触之处挤压隆起形成山脉，这就是造山运动。世界上绝大多数山脉都是这样形成的。火山活动也可以形成山地，但它往往是孤立山峰，如非洲的乞力马扎罗山。法国马丁尼克岛上的比利山，由于火山喷发在几天的时间内上升了 300 米。山地根据形态可以分为：峰或山峰，为孤立的山；山列或山脉，即多座山峰由一山脊连接而形成的山群；山系，由一系列的山脉形成。根据高度通常分为：低山，海拔高度 1000 米以下；中山，海拔高度 1000 ～ 3000 米；高山，海拔高度 3000 ～ 5000 米；极高山，海拔高度 5000 米以上。一般说，随着高度的升高，

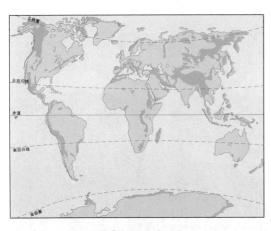

全球山地分布图

山势也变得愈来愈陡峻。山地愈古老，高度就愈低，坡度愈缓；相反，山地愈年轻，就愈高峻。喜马拉雅山脉是世界上最年轻的山脉，也是最高峻的山脉。

许多山脉成为气候的障壁，对气候有很大的调节作用。如包括喜马拉雅山、兴都库什山以及天山在内的亚洲山系阻挡了来自印度洋的暖湿气流，使得远在亚洲另一侧的西伯利亚成为极区型气候；而印度由于承受了过量的水汽，在雨季往往暴雨成灾。一山之隔，往往是干、湿两个世界，甚至是重要的气候界线，如中国的秦岭。

山地是森林的天然宝库，蕴藏各种丰富的矿藏，又是人们的休闲和避暑胜地。所以，如何在保护好山地生态环境的同时合理开发利用山地资源已成为一个重要的问题。

世界名山

山名	所在国家（地区）	所属山脉	海拔高度(m)	山名	所在国家（地区）	所属山脉	海拔高度(m)
亚洲							
珠穆朗玛峰（萨加玛塔峰）	中国西藏 尼泊尔	喜马拉雅山脉	8844.43	希夏邦马峰	中国西藏	喜马拉雅山脉	8027
乔戈里峰	中国新疆 巴基斯坦	喀喇昆仑山脉	8611	格仲康峰	中国西藏 尼泊尔	喜马拉雅山脉	7952
干城章嘉峰	尼泊尔 印度	喜马拉雅山脉	8586	楠达德维山	印度	喜马拉雅山脉	7816
洛子峰	中国西藏 尼泊尔	喜马拉雅山脉	8516	南迦巴瓦峰	中国西藏	喜马拉雅山脉	7782
马卡鲁峰	中国西藏 尼泊尔	喜马拉雅山脉	8463	蒂里奇米尔峰	巴基斯坦	兴都库什山脉	7690
卓奥友峰	中国西藏 尼泊尔	喜马拉雅山脉	8201	公格尔山	中国新疆	昆仑山脉	7649
道拉吉里峰	尼泊尔	喜马拉雅山脉	8172	贡嘎山	中国四川	横断山脉	7556

马纳斯卢峰	尼泊尔	喜马拉雅山脉	8156	慕士塔格山	中国新疆	帕米尔高原	7509
南伽峰	巴基斯坦	喜马拉雅山脉	8125	索莫尼峰	塔吉克斯坦	帕米尔高原	7495
安纳布尔纳峰	尼泊尔	喜马拉雅山脉	8078	托木尔峰	中国新疆 吉尔吉斯斯坦	天山山脉	7443
加舒尔布鲁木峰	中国新疆 巴基斯坦	喀喇昆仑山脉	8068				
布洛阿特峰	中国新疆 巴基斯坦	喀喇昆仑山脉	8051	木孜塔格峰	中国新疆	昆仑山脉	6973
欧洲和高加索地区							
厄尔布鲁士峰	俄罗斯	高加索山脉	5642	占吉套山	俄罗斯 格鲁吉亚	高加索山脉	5049
德赫套山	俄罗斯	高加索山脉	5203	卡兹别克山	格鲁吉亚	高加索山脉	5033
什哈拉山	俄罗斯 格鲁吉亚	高加索山脉	5068	勃朗峰	法国 意大利	阿尔卑斯山脉	4810
非洲							
基博峰	坦桑尼亚	乞力马扎罗山	5895	玛格丽塔峰	刚果（金） 乌干达	米通巴山脉	5109
基里尼亚加峰	肯尼亚	肯尼亚山	5199				
北美洲							
麦金利山	美国	阿拉斯加山脉	6194	波波卡特佩特尔火山	墨西哥	科迪勒拉新火山	5452
洛根山	加拿大	圣伊莱亚斯山脉	5951				
奥里萨巴峰	墨西哥	科迪勒拉新火山	5610	福雷克山	美国	阿拉斯加山脉	5303
圣伊莱亚斯峰	美国 加拿大	圣伊莱亚斯山脉	5489	伊斯塔西瓦特尔火山	墨西哥	科迪勒拉新火山	5230
南美洲							
阿空加瓜山	阿根廷	安第斯山脉	6960	尤耶亚科山	阿根廷 智利	安第斯山脉	6723
奥霍斯−德尔萨拉多山	阿根廷 智利	安第斯山脉	6880	耶鲁帕哈山	秘鲁	安第斯山脉	6632
博内特峰	阿根廷	安第斯山脉	6872	萨哈马峰	玻利维亚	安第斯山脉	6542
皮西斯峰	阿根廷	安第斯山脉	6858	伊延普峰	玻利维亚	安第斯山脉	6421
图蓬加托山	阿根廷 智利	安第斯山脉	6800	奥桑加特山	秘鲁	安第斯山脉	6384
瓦斯卡兰山	秘鲁	安第斯山脉	6768	钦博拉索山	厄瓜多尔	安第斯山脉	6310
大洋洲							
查亚峰 (苏加诺峰)	印度尼西亚	毛克山脉	5029	特里特拉峰	印度尼西亚	毛克山脉	4730
南极洲							
文森山		埃尔斯沃思山脉	5140				

[二、中国的山地]

中国是多山之国。据统计，山地、丘陵和高原的面积占全国土地总面积的 69%。就海拔而言，世界上海拔 8000 米以上的高峰共 14 座，位于喜马拉雅山脉和喀喇昆仑山脉的中国国境线上和国境内者即达 9 座。世界第一高峰——珠穆朗玛峰、第二高峰——乔戈里峰、第四高峰——洛子峰、第五高峰——马卡鲁峰、第六高峰——卓奥友峰均位于中国国境线上，第 14 高峰——希夏邦马峰位于中国西藏境内。至于海拔超过 5000 米的高峰，在喜马拉雅山脉、喀喇昆仑山脉、冈底斯山脉、念青唐古拉山脉、唐古拉山脉、昆仑山脉、天山山脉、祁连山脉、横断山脉、大雪山、岷山等山地中数以千百计，山峰的高度和数量都是无与伦比的。

山地是中国地貌的格架。中国大地貌单元如大高原、大盆地的四周都被山脉环绕。青藏高原是中国最高最大的高原，平均海拔 4500～5000 米，环绕高原的山脉有喜马拉雅山、喀喇昆仑山、昆仑山、祁连山、横断山等。西南部的云贵高原海拔降至 1000～2000 米，周围的山脉有哀牢山、苗岭、乌蒙山、大娄山、武陵山等。西北部黄土高原和内蒙古高原边缘的山脉有秦岭、太行山脉、贺兰山、阴山山脉、大兴安岭等。新疆塔里木盆地是中国最大的内陆盆地，盆地最低处罗布泊的海拔 768 米。而周围的天山、昆仑山、阿尔金山等山脉，一般海拔在 4000～5000 米。新疆准噶尔盆地、青海柴达木盆地和四川盆地的四周都为高大山脉所封闭。就是在中国东部和东北部的大平原和岛屿上也可见到大片的中、低山和丘陵，如松辽平原东部的张广才岭和长白山脉，黄淮海平原东部的山东丘陵和长江中下游的低山丘陵。台湾岛的玉山海拔 3952 米，海南岛的五指山海拔 1867 米。

形成时期　中国造山运动划分为五幕，即加里东运动、华力西运动、印支运动、燕山运动和喜马拉雅运动。

①加里东运动指发生在早古生代的造山运动。在这次造山运动中，主要褶皱隆起的有俄罗斯西伯利亚南部的山脉。

《中国大百科全书》普及版◎ 如画江山——千姿百态的大地　ruhuajiangshan qianzibaitaidedadi

②华力西运动指古生代石炭纪至二叠纪的造山运动。这一运动使中国北部阿尔泰山、天山、大兴安岭、阴山、昆仑山、阿尔金山、祁连山、秦岭等山脉隆起，并伴有大量的花岗岩侵入。

③印支运动指中生代三叠纪至侏罗纪的造山运动。这一运动使川西、滇西北一带隆起成为山地，如岷山、邛崃山、大雪山、云岭等。

④燕山运动指中生代白垩纪的造山运动。这一运动不仅产生燕山山脉、太行山脉、贺兰山、雪峰山、横断山脉、唐古拉山、喀喇昆仑山等山脉，而且形成许多山间断陷盆地，并在盆地内堆积了巨厚的砂页岩层。

⑤喜马拉雅运动是发生在新生代的最年轻的造山运动。分为两幕：第一幕是在渐新世至中新世，使喜马拉雅山主体、冈底斯山、念青唐古拉山、长白山、武夷山脉等大幅度隆起；第二幕发生于上新世至更新世，这时喜马拉雅山南面的西瓦里克丘陵隆起，西藏高原大幅度上升，台湾山地露出海面。喜马拉雅运动对那些古老的山脉都有不同程度的影响，但对大兴安岭—阴山一线以北的地区影响比较微弱。所以中国的山脉虽然形成的地质时代有先有后，但并非都是前几次造山运动所形成的面貌。

根据板块构造理论，中国是由若干个古板块拼接镶嵌而成的。但如何与板块构造的理论具体相联系，尚待进一步探索。可以肯定，每一次造山运动就是由于古大陆板块在移动时古板块边界发生碰撞所造成的。

台湾玉山山脉

峨眉山金顶

　　分类　根据山地按海拔划分原则，以海拔 1000 米作为中国东南沿海山地的一般高度。海拔 3500 米大致相当于中国山地森林上限。雪线高度各山脉不一，一般约在海拔 5000 米。这一指标实际上反映了中国山地的垂直自然带的界线。

　　中国东西部地势差别悬殊。仅用海拔还不足以反映这种差别，如四川峨眉山金顶海拔 3079.3 米，而西藏拉萨平原海拔为 3650 米。所以，划分山地还必须辅以相对高度指标。中国幅员广大，各省区山地条件不同，故划分的指标目前尚未取得一致。

　　主要山系　山地系统是山脉、山块、山链及其大小分支的总称。它具有复杂的地质发展史，包括不同年代、不同类型的山地。

　　中国的主要山系如下：①天山—阿尔泰山系，②帕米尔—昆仑—祁连山系，③大兴安岭—阴山山系，④燕山—太行山系，⑤长白山系，⑥喀喇昆仑—唐古拉山系，⑦冈底斯—念青唐古拉山系，⑧喜马拉雅山系，⑨横断山系，⑩巴颜喀拉山系，⑪秦岭—大巴山系，⑫乌蒙—武陵山系，⑬东南沿海山系，⑭台湾山系，⑮海南山系。

[三、中国名山]

1、珠穆朗玛峰

喜马拉雅山脉主峰，世界第一高峰。位于中国西藏自治区与尼泊尔交界处的喜马拉雅山脉中段，北纬 27°59′15.85″，东经 86°55′39.51″，海拔 8844.43 米，有地球"第三极"之誉。"珠穆朗玛"系佛经中女神名的藏语音译。18 世纪初，中国就已测定珠穆朗玛峰的位置，并将其载入于清康熙五十七年（1718）完成的《皇舆全览图》，称"朱母朗马阿林"。

地质与地貌 珠穆朗玛峰是典型的断块上升山峰。基底为前寒武纪变质岩系，上覆古生代沉积岩系，两组岩系之间为冲掩断层带，下古生代地层即顺此带自北向南推覆于元古宙地层之上。峰体上部为奥陶纪早期或寒武-奥陶纪的钙质岩系（峰顶为灰色结晶石灰岩）；下部为寒武纪的泥质岩系（如千枚岩、夹片岩等），并有花岗岩体、混合岩脉的侵入。岩层倾向北北东，倾角平缓。始新世中期海侵结束以来，珠穆朗玛峰不断急剧上升，上新世晚期至今约上升了 3000 米。由于印度板块和亚洲板块以每年 5.08 厘米的速度互相挤压，所以整个喜马拉雅山脉仍在不断上升中，珠穆朗玛峰每年也增高约 1.27 厘米。珠穆朗玛峰山谷冰川发育，山峰周围辐射状展布有许多条规模巨大的山谷冰川，长度在 10 千米以上的有 18 条，末端海拔 3600～5400 米。其中以北坡的中绒布、西绒布和东绒布三大冰川与它们周围的 30 多条中小型支冰川组成的冰川群为

喜马拉雅山脉主峰——珠穆朗玛峰

著。珠穆朗玛峰周围 5000 平方千米范围内冰川覆盖面积约 1600 平方千米。在许多大冰川的冰舌区还普遍出现冰塔林。古冰斗、冰川槽形谷地、冰川或冰水侵蚀堆积平台、侧碛和终碛垄等古冰川活动遗迹也屡见不鲜。寒冻风化强烈，峰顶岩石嶙峋，角峰与刃脊高耸危立，岩屑坡或石海遍布。土壤表层反复融冻形成石环、石栏等特殊的冰缘地貌现象。

气候与垂直自然带　珠穆朗玛峰气候具有明显季风特征。冬半年干燥而风大，为干季和风季；夏半年为雨季。4～5 月和 10 月是两个过渡季节，天气晴朗温和，为攀登珠穆朗玛峰的黄金季节。珠穆朗玛峰南北坡气候差异很大，南坡降水丰沛，具有海洋性季风气候特征；北坡降水少，呈大陆性高原气候特征。与此相应，珠穆朗玛峰地区的垂直自然带谱南翼属热带山地性质，北麓则为典型的草原景观。海拔 5000 米以上的高山地区以高山草甸与雪莲花、垫状点地梅、苔状蚤缀等稀疏座垫植物占优势。珠穆朗玛峰地区的土壤含砾多、黏粒少，反映了近代自然地理过程的年轻性。

探险与科学考察　自 1921 年起，不断有人试图征服珠穆朗玛峰，但多遭失败。直至 1953 年 5 月 29 日，英国探险队的两名队员才第一次从尼泊尔境内的南坡登上珠穆朗玛峰顶。1960 年 5 月 25 日，中国登山队的 3 名队员（王富洲、贡布和屈银华）首次从北坡登上珠穆朗玛峰顶；1975 年 5 月 27 日中国登山队 9 名队员又一次从北坡集体登上珠穆朗玛峰顶，并在主峰顶竖起了 3 米高的觇标。据此觇标中国第一次测得珠穆朗玛峰的精确高程为 8848.13 米。与登山活动相配合，中国科学院也多次组织了大规模综合考察，进行了地质、地理、生物和高山生理等多门学科的研究。1988 年 5 月中、日、尼三国运动员实现了从南、北坡登顶跨越珠穆朗玛峰的壮举。1988 年建立的珠穆朗玛峰自然保护区面积为 3.38 万平方千米。2005 年 3～5 月，中国国家测绘局、中国科学院和西藏自治区人民政府联合对珠穆朗玛峰的高度进行重新测量，同年 10 月公布的新高度为 8844.43 米。

中国境内的珠穆朗玛峰地区居民稀少，但有从拉萨市经日喀则至绒布寺的公路，可供登山和旅游活动之用。

《中国大百科全书》普及版◎ 如画江山——千姿百态的大地　ruhuajiangshan qianzibaitaidedadi

2．乔戈里峰

喀喇昆仑山最高峰。世界第二高峰，海拔8611米。喀喇昆仑山脉位于中国西部边陲，是世界上最高峻的山系之一，平均海拔6000米，海拔超过8000米的高峰有4座。主峰乔戈里峰居喀喇昆仑山脉中段、中国与巴基斯坦交界处，位于北纬35°9′，东经76°5′。喀喇昆仑山脉褶皱作用主要完成于中生代，经喜马拉雅运动后再次隆升，形成高峰林立、山势巍峨的面貌。山的南坡降水丰富，森林衍生高度海拔3500米左右，草场繁盛，低处并可农作；北坡是"雨影"区，降水显著减少，植被稀少，仅河

世界第二高峰——乔戈里峰

旁稍有灌丛。而山原地区除个别山峰外，几乎全为冰雪覆盖，现代冰川发育。世界上长达40千米的著名大冰川多集中于此。乔戈里峰南坡发育有：巴尔托罗冰川，长66千米；厦呈冰川，长75千米。北坡虽较干燥，乔戈里冰川仍长达22.5千米；长41.5千米、面积329.83平方千米的音苏盖提冰川，是中国境内最大的冰川。南坡现代冰川平均下限海拔3050米，粒雪线高度在海拔4700～5490米；北坡冰川平均下限海拔4000～4700米，粒雪线高度为海拔5000～5700米。北坡高于南坡，西部低于东部。

3．干城章嘉峰

横跨尼泊尔与印度边界的山峰。尼泊尔语为Kumbhkaran Lungur。位于尼泊尔喜马拉雅山脉东部，地理坐标：北纬27°42′，东经88°09′。北距中国边境25千

干城章嘉峰远眺

米，西西北距珠穆朗玛峰120千米，东南距甘托克70千米，南距大吉岭80千米。藏语原意为"雪中五宝"。山体呈十字架状，4臂分指北、南、东、西，故实际由5座山峰共同组成，名称亦据此而来。最高峰海拔8586米，为喜马拉雅山脉第二高峰、世界第三高峰。诸峰间有4条主要山脊相连，其间发育出泽木（东北）、达弄（东南）、亚弄（西南）和干城章嘉（西北）等冰川。19世纪中叶，西方已有人予以制图，嗣后且屡有登顶试图，均未果，仅在1931年有攀登至7700米的报道。已数度发生殒命事故，后来者多望而却步。1955年C.埃文斯率领的英国探险队曾攀登此山，但就在离顶点几米时却应锡金当局要求而折返，因锡金把此峰奉为圣山，禁止任何人攀登，尤其禁止登至顶峰。

4. 卓奥友峰

位于喜马拉雅山脉中段珠穆朗玛峰西北29千米处，是中国与尼泊尔之间的界山。海拔8201米。在中国境内归西藏自治区日喀则地区定日县管辖。卓奥友峰为上新世末喜马拉雅运动期以来断裂上升的断块山地，山势高拔峻峭，

卓奥友峰风光

但山顶平坦。山体由黑云母花岗片岩、长英岩与花岗岩等组成。与珠穆朗玛峰及其他相邻的海拔8000米以上的高峰（干城章嘉峰、洛子峰、马卡鲁峰和希夏邦马峰）组成了喜马拉雅山脉中最雄伟高耸的山段。其上现代冰川发育，北坡现代雪线高度为海拔5700～5900米；现代冰川长10～20千米，北坡的加布拉冰川末端下达海拔4980米。古冰川遗迹丰富，第四纪不同时期的冰碛在北坡的分布下限已伸至定日盆地南缘，海拔4500～4600米。在定日县南的加布拉村北的热久藏布两岸保存有较完整和典型的珠穆朗玛峰地区第四纪地层剖面，它是研究该地区古地理及第四纪冰期活动的重要依据。卓奥友峰与其西北面34.5千米处的通泽峰（海拔7038米）之间的兰巴山口（海拔5717米）是中尼两国人民来往的通道。1985年5月1日，中国西藏登山队的4名藏族队员首次登上卓奥友峰顶。

5. 希夏邦马峰

中国喜马拉雅山脉中段高峰。中国对外开放山峰之一。位于西藏自治区聂拉木县境内，海拔8027米，东距珠穆朗玛峰120千米。山势雄伟，峰体周围超过7000米以上的高峰有5座。山峰终年积雪，南坡雪线高度达5000米，

西藏希夏邦马峰

北坡6000米。冰川面积达789.75平方千米，长度超过10千米的冰川有4条，最大者为野博康加勒冰川，长13.5千米。朋曲发源于此。1964年5月中国科学家在对希夏邦马峰进行多学科的综合考察时于5700～5900米的野博康加勒群地层下部发现高山栎、毡毛栎、刺栎等化石层，说明上新世以后希夏邦马峰地区约升高了2000米。

6. 喜马拉雅山脉

世界上最雄伟高大的山脉。由数条大致平行的支脉组成，向南凸出呈弧形。分布于青藏高原南缘，西起克什米尔的南迦－帕尔巴特峰（北纬35°14′21″，东经74°35′24″，海拔8125米），东至雅鲁藏布江大拐弯处的南迦巴瓦峰（北纬29°37′51″，东经95°03′31″，海拔7782米）。全长约2500千米。南北宽度200～300千米。由北而南依次为大喜马拉雅山、小喜马拉雅山及西瓦利克山等。大喜马拉雅山大部分在中国境内，其西端和南侧支脉大多在巴基斯坦、印度、尼泊尔和不丹等邻国境内。主峰珠穆朗玛峰海拔8844.43米，为世界第一高峰。

喜马拉雅山名源于梵文，意为"雪的居所"，藏民则称雪山。主脉大喜马拉雅山平均海拔6000米以上，7000米以上的山峰50余座，全球14座海拔8000米以上的高峰中即有10座分布于此。主脉上的一些山口要隘也多分布于海拔4000～5000米。其中较著名的如东段的唐拉山口（海拔4633米）、中段的聂聂雄拉山口（海拔5000米）及西段的索吉山口（海拔3529米）等。高山顶部终年积雪，

现代冰川作用强盛，冰川规模较大，著名的有珠穆朗玛峰中国境内的绒布冰川、加布拉冰川及印度锡金境内的热木冰川等。冰川总面积 3.3 万平方千米，中国境内约占 1/3。雪线高度 5800～6200 米，南坡雪线低于北坡。

地质概况　喜马拉雅山主脊系由前寒武纪结晶岩和变质岩–花岗岩、片麻岩和片岩及寒武–奥陶纪的浅变质岩–结晶灰岩、板岩与千枚岩等组成。北坡自奥陶纪至始新世的海相地层——灰岩、页岩、砂岩等总厚度达 1100 米。喜马拉雅山脉是青藏高原上隆起最晚的年轻山脉。于始新世古地中海撤退时开始升起，后经数次断块上升而形成。据希夏邦马峰北坡海拔 5700 米处发现高山栎古植物化石推断，上新世以来喜马拉雅山脉约升高了 2000 米。同时，南北向水平挤压，喜马拉雅山脉强烈褶皱并具掀升性质，形成向北倾斜的叠瓦状构造，山脉南陡北缓，两坡不对称。喜马拉雅山地壳极不稳定，新构造运动十分活跃，地震活动频繁而强烈，是世界上主要大地震带之一。此外，南北走向的断裂构造发育，经河流切割形成纵向深险峡谷，成为西南季风气流北进的通道。

喜马拉雅山脉

气候与垂直自然带　喜马拉雅山脉南北两侧气候迥异。山南气候暖热湿润。如墨脱（海拔 1130 米）和樟木（海拔 2300 米）两地，最热月平均气温分别达 22.1℃和 17.3℃，平均年降水量分别为 2300 毫米和 2800 毫米；位于山麓的巴昔卡（海拔 157 米）年降水量则超过 4400 毫米。山北温凉干燥，一般最热月平均气温多低于 10℃，平均年降水量少于 400 毫米。气候垂直变化明显。南北两坡的地形、水文、生物、土壤及农业生产差异均大。以喜马拉雅山脉东段为例，南坡地势险峻，河网密，流水侵蚀强，原始森林葱郁，植物种类丰富，森林土壤多样。

　　山地垂直带是：①海拔 1100 米以下的低山丘陵为热带雨林和季雨林-砖红壤性土壤带。② 1100～2300 米为山地亚热带常绿阔叶林-黄壤带。③ 2300～2900 米为山地暖温带针阔叶混交林-黄棕壤和棕壤带。④ 2900～4100 米（森林上限）为山地寒温带云杉、冷杉暗针叶林-暗棕壤和漂灰土带。⑤ 4100～4400 米为亚高山寒带杜鹃、山柳等灌丛和高山蒿草草甸-亚高山灌丛土和高山草甸土带。⑥ 4400～4800 米（雪线）为地衣、苔藓与座垫植物等组成的高山冰缘稀疏植被-寒冻土带，4800 米以上为高山永久冰雪带。垂直自然带属海洋性湿润型系统。种植上限不超过 4000 米。在山麓谷地内可种植水稻、鸡爪谷、玉米与小麦等多种作物，一年两至三熟；可种茶树、甘蔗、柑橘与香蕉等。密林中常见麂、麝、黑熊、猴、小熊猫、各种毒蛇和羽毛鲜艳的鸟禽等。北坡地势相对和缓开阔，海拔一般在 4000 米以上，气候寒冷干燥，湖盆与宽谷地形发育，河流稀少，干旱剥蚀较强，森林面积骤减。除东部河谷地区有森林分布外，海拔 5000 米（高山草甸带下限）以下多为由紫花针茅等禾本科植物组成的高山草原带。海拔 4000 米以下较温暖的朋曲上游与雅鲁藏布江中游宽谷则为山地灌丛草原带，属草原土壤类型。垂直自然带属大陆性半干旱型系统。大部分地区为天然牧场，仅沿河沃土辟为耕地，可种植青稞、小麦、油菜和豌豆等作物，一年一熟。最高种植上限在聂拉木附近海拔 4760 米处，有野牦牛、藏原羚、旱獭、鼠兔和狐等野生动物。

　　喜马拉雅山脉东湿西干，西段（吉隆一带以西）的山麓地带已无热带森林，并在干燥河谷中出现长叶松、长叶云杉及霸王鞭类浆质刺灌丛。

人文概况 在中国境内的喜马拉雅山地区内的主要城镇有普兰、吉隆、樟木、聂拉木、亚东、定日、墨脱等县、镇，居民以藏族为主，邻近国境地区有珞巴和门巴族以及夏尔巴人、僜人等。

山区交通艰险而闭塞。南北通商往来主要经由较低的山口。现有从拉萨经聂拉木通往尼泊尔首都加德满都的中尼国际公路和拉萨至亚东、拉萨至隆子、拉萨至普兰等公路干线。

7. 喀喇昆仑山

世界山岳冰川最发达的高大山脉。中亚著名山脉之一。突厥语"黑色岩山"之意。位于中国、塔吉克斯坦、阿富汗、巴基斯坦和印度等国边境。海拔 5570 米的喀喇昆仑山口为印度与中国新疆之间的传统商道；位于中国与巴基斯坦边界线上的明铁盖山口，也是著名岭道之一，为古丝绸之路所经。

地质与地貌 喀喇昆仑山属燕山褶皱系。大地构造的发育，主要与印度次大陆向北位移并与欧亚大陆碰撞有关。主要大地构造期开始于白垩纪，并继续到第三纪；山地抬升开始于新近纪，且一直在进行。岩性以花岗岩、片麻岩、结晶板

喀喇昆仑山景色

岩及千枚岩为主，南北两侧主要为石灰岩和云母板岩。南侧沉积岩常为花岗岩侵入体所切割，若干地区有板岩出露。喀喇昆仑山地震活动频繁，震级甚至有达 9 级以上者。

喀喇昆仑山及其东延部分（西藏高原的羌臣摩山和潘顿山），宽度约为 240 千米，长度为 800 千米。平均海拔超过 5500 米。拥有 8000 米以上高峰 4 座，如世界第二高峰乔戈里峰（又称戈德温·奥斯汀峰或达普桑峰，海拔 8611 米）、加舒尔布鲁木第一峰（海拔 8068 米）、布洛阿特峰（海拔 8051 米）和加舒尔布鲁木第二峰（海拔 8034 米）；7500 米以上高峰 15 座。喀喇昆仑山脉主山脊称大喀喇昆仑山，主山脊两侧的山地称小喀喇昆仑山。山岳冰川发育。世界中、低纬度山地冰川长度超过 50 千米的共有 8 条，其中喀喇昆仑山占 6 条。山脉的冰川总面积 1.86 万平方千米（中国境内有 4647 平方千米），长度超过 10 千米的冰川约为 102 条。位于喀喇昆仑山主山脊北侧的音苏盖提冰川，长 41.5 千米，面积 329.83 平方千米，为中国已知最长的冰川。雪线分布西低东高、南低北高。喀喇昆仑山冰川的大部分融水流入印度河的支流，东北部冰雪融水则补给叶尔羌河，向北流入中国，消失在新疆境内的塔克拉玛干沙漠中。

气候 喀喇昆仑山垂直气候差异明显。如印度河上游一些海拔 3000 米以下的谷地，年降水量均不足 100 毫米，属干旱荒漠。大冰积累区的年降水量在 1000 毫米以上。冬春受西风环境影响降水丰富，夏季亦有一定数量的降水，形成降水的两个明显峰值，以冬春为主。在正常年份，喀喇昆仑山受印度洋西南季风影响范围较小，但西南季风强大年份常带来暴雨性降水，造成洪水与泥石流灾害。年最热月 0℃等温线约在海拔 5600 米处。年 0℃等温线约与 4200 米等高线相一致。广大山区空气稀薄，终年低温，但太阳辐射强烈，温度变化巨大。

动植物 谷地中以中亚植物区系占优势，而较多的欧洲植被类型则见于海拔较高处。大多数种、属分布在海拔 3500～4000 米的温带。植物的垂直分带仅限于北坡和西坡，由谷底向上依次为干旱半干旱草原、阿蒂米西亚森林草原、湿润温带针叶林、亚高山桦属和栎属灌丛以及高山植被。在较温湿的南坡，从谷地到海拔约 3000 米处，有松林、喜马拉雅山杉生长，邻近河流处可见柳和白杨。由此往上，为高山草原。喀喇昆仑山的动物包括雪豹、野生的牦牛和藏羚羊。在南坡山麓地带有野驴、短耳兔和土拨鼠。鸟类有砂松鸡、西藏雷鸟、鹧鸪、朱鹭、白鸽及红花鸡等。

人文概况　喀喇昆仑山的冰川，与当地人民的经济活动关系至为密切。跃动冰川的快速前进，冰融水道的变迁，冰川阻塞湖的溃决及冰川泥石流的暴发，都对山区农业、牧业、交通运输产生巨大影响。村落分布亦受制于冰川。谷地为旱涝保收的中亚灌溉区之一。喀喇昆仑山区自然条件严酷，交通闭塞，人口稀少。面积约 20 万平方千米，人口仅数万。4400 米以下以藏族为主，多务农为生，少数从事畜牧业，游牧或半游牧，间或也从事狩猎。其他还有巴尔蒂斯人、拉达克斯人和普尔希基人，除普尔希基人信奉伊斯兰教外，其他均信奉藏传佛教。

8. 冈底斯山

青藏高原山脉。季风区和非季风区的分界线，西藏印度洋外流水系与藏北内流水系的主要分水岭。藏语意为"众山之主"。位于西藏自治区西南部、喜马拉雅山脉之北，与喜马拉雅山大致平行。其走向受噶尔藏布-雅鲁藏布江断裂的控制。冈底斯山西起喀喇昆仑山脉东南部的萨色尔山脊（北纬 34°15′，东经 78°20′），东延伸至纳木错西南（北纬 29°20′，东经 89°10′），与念青唐古拉山衔接。海拔一般 5500～6000 米。西段呈东南走向，主要支脉阿隆干累山以同一走向并列于主脉北侧。主峰冈仁波齐峰，海拔 6656 米。

冈底斯山南侧即通称的藏南地区，气候温凉稍干燥，海拔 4000 米以下的雅鲁藏布江河谷地区为灌丛草原，较高地区为亚高山草原。这一地区草场辽阔，耕地集中，为西藏自治区人口集中、农牧业发达的地域。其北侧为羌塘高原内流区，

冈底斯山的山谷

气候严寒干燥，以高山草原为主，绝大部分土地只宜于放牧绵羊和牦牛或为无人居住的荒寂原野。

冈底斯山的垂直自然带谱属大陆性半干旱类型，基带为高山草原带（北坡）和亚高山草原带（西段南坡）或山地灌丛草原带（东段南坡），往上依次为高山草甸带、高山冰缘植被带及高山永久冰雪带等。

9. 念青唐古拉山

青藏高原主要山脉之一。雅鲁藏布江与怒江的分水岭。在西藏自治区中东部。"念青"藏语意为"次于"，即此山脉次于唐古拉山。近东西走向。西自东经90°处的冈底斯山尾闾起，向东北延伸，至那曲附近又随北西向的断裂带而呈弧形拐弯折向东南，接入横断山脉。全长1400千米，平均宽80千米。海

念青唐古拉山景观

拔5000～6000米，主峰念青唐古拉峰海拔7111米。山脉形成于燕山运动晚期，地质构造复杂，为一系列向东逆冲的褶皱山带，沿山带南侧均有深大断裂通过。西段为断块山，南侧当雄盆地为一断裂凹陷，故南侧地势陡峭，相对高差达2000米左右，山势雄伟；北侧山势较和缓，相对高差1000米左右。山脉由西到东平均气温为0～8℃，7月平均气温10～18℃，1月平均气温–10～0℃，年较差16～20℃，西部低于东部。念青唐古拉山以山谷冰川为主的现代冰川发育，冰川面积7536平方千米，为青藏高原东南部最大的冰川区。山脉东段受印度洋西南季风影响，降水多，雪线海拔低，约4500米，因而冰川分布集中，占整条山脉冰川总面积的5/6，且有90%分布于南侧迎风坡上，为中国海洋性冰川集中地区之一。其中有27条冰川长度超过10千米，

《中国大百科全书》普及版◎ 如画江山——千姿百态的大地 ruhuajiangshan qianzibaitaidedadi

许多冰川末端已伸入到森林地带。如易贡八玉沟的卡钦冰川长达 33 千米，冰川末端海拔仅 2530 米，为西藏最大冰川，也是中国最大的海洋性冰川。古冰斗、U 形谷、终碛垄堤、羊背石、冰碛丘阜及冰蚀湖、堰塞湖（如然乌错、易贡错）等古冰川遗迹分布较多。山崩、滑坡及泥石流活动频繁，是西藏主要泥石流暴发区。如波密附近著名的古乡泥石流，即是川藏公路线上一大障碍。山脉西段位于半干旱气候地区，发育有大陆性冰川，面积小、规模有限，雪线高度升高到 5700 米。然而，西段山脉却是青藏高原上一条重要的地理界线，与冈底斯山脉同样，不仅是内外流水系分水岭，也是高原上寒冷气候带与温暖（凉）气候带的界线。界线以北的羌塘高原以高寒草原景观占优势，土地利用以牧业为主；界线以南即通常所称的"藏南地区"，为亚高山草原与山地（河谷）中旱生灌丛草原景观，种植业集中，为著名的"西藏粮仓"。在山地自然景观垂直分异上，西段较简单，一般以高寒草原或草甸为基带，上接高山寒冻风化带，没有森林带；东段山脉的垂直带谱结构较复杂，属海洋性湿润型，以云杉、冷杉为主的山地寒温带暗针叶林带占优势，上限可达海拔 4400 米。针叶林带具有林木生长快、蓄积量高的特点。例如波密一带的云杉林每公顷蓄积量达 1500 ～ 2000 立方米，为西藏主要林产区之一。在海拔较低的易贡、通麦等暖热地区尚有以高山栎、青冈为代表的常绿阔叶林及铁杉林分布。在森林带以上则为高山灌丛草甸及高山草甸带，面积较广，为当地主要天然夏季牧场，适宜放养牦牛、绵羊等牲畜。青藏、川藏两条重要公路干线穿越念青唐古拉山。桑雄拉与安久拉分别为山脉西段与东段的主要山口。

10. 唐古拉山

怒江、澜沧江和长江发源地。又称当拉山。发端于东经 90° 附近，与喀喇昆仑山东尾相接，向东横贯于西藏自治区北部约北纬 32° ～ 33°，一部分成为西藏自治区与青海省的界山，东段渐向东南延伸接入横断山脉。唐古拉山西段为藏北内陆水系与外流水系的分水岭，东段则是印度洋水系与太平洋水系的分水岭，怒江、澜沧江和长江都发源于唐古拉山南北两麓。唐古拉山山体宽 150 千米，山

峰一般海拔 5500 ～ 6000 米，相对高差 500 ～ 1000 米。主峰各拉丹冬雪山海拔 6621 米；青藏公路要隘——唐古拉山口的海拔虽高达 5220 米，却因坡缓、高差小而并不显得险要和难以逾越，故唐古拉在藏语中意为"平坦的山口"。

唐古拉山（航空拍摄图）

　　唐古拉山区出露的最古老地层是下石炭统，主要由结晶灰岩、砂岩和板岩互层组成，夹有煤线，底部为碎屑岩沉积。在古生代和中生代地层中尚有黑云母花岗岩的侵入。中生代的印支运动期，唐古拉山已褶皱隆起露出海面，并受后期造山作用的影响，继续上升。自上新世中期以来约上升了 3000 米。雪线高度为海拔 5400 米。现代冰川不甚发育，仅少数高峰如各拉丹冬、阿木岗（海拔 6114 米）、普若岗日（海拔 6482 米）等有小规模的山谷冰川。但冰缘作用强盛，多年冻土发育，除常见的冻融滑塌、泥流等外，流石滩与石海分布较广，尚可看到巨型分选石环等特殊冰缘现象。

　　唐古拉山的垂直自然带谱属于大陆性，但东段为半湿润型，西段为半干旱型。大致青藏公路以东，海拔 4400 ～ 5000 米为蒿草和蓼组成的高山草甸带；5000 米至雪线为高山冰缘稀疏植被带，主要植物有垫状点地梅、苔状蚤缀、风毛菊、火绒草、葶苈草；最上为高山永久冰雪带。青藏公路以西海拔 4500 ～ 5000 米为紫花针茅、羊茅等禾草组成的高寒草原，其上接高山冰缘稀疏植被带或部分镶接混有座垫植物的原始高山草甸带。这些草原与草甸均是放牧牦牛、绵羊等牲畜的天然草场。矿产有铁、煤等。地热资源较丰富。

11. 昆仑山脉

　　横贯中国西部的高大山脉。西起帕米尔高原东部，东到柴达木河上游谷地，于东经 97° ～ 99° 处与巴颜喀拉山和阿尼玛卿山（积石山）相接，全长 2500 余千米；南北最宽处在东经 90°，达 350 千米，最窄处在东经 81° 附近，为 150 千米。山势宏伟峻拔，峰顶终年积雪，屹立在塔里木盆地与柴达木盆地之南。山脉北部与盆地的高差 3500 ～ 4500 米，南部与高原的高差 500 ～ 1500 米。

昆仑山脉与塔里木盆地和柴达木盆地间均以深大断裂相隔。古生代时为强烈下沉的海域并伴有火山活动，古生代末期经华力西运动褶皱上升，构成昆仑中轴和山脉的中脊；中生代产生拗陷，经燕山运动构成主脊两侧 4000 米以上的山体。昆仑山脉与秦岭构成分隔中国南部与北部的纬向山脉。昆仑山脉的新构造运动极其强烈，仅上新世以来就上升了大约 3000 米，西昆仑山近期的上升速率达到 6 ～ 9 毫米 / 年。1951 年在于田县境昆仑山中的卡尔达西火山群的一号火山爆发，并伴有现代火山泥石流。东部昆仑山第四纪以来上升了 2800 余米，相关沉积物在柴达木盆地中的埋藏深度达 2800 米。昆仑山的新构造运动具间歇性，许多河流两侧均形成 4 ～ 5 级阶地，出山口处形成 4 ～ 5 级叠置的洪积扇。

昆仑山北坡濒临最干旱的亚洲大陆中心，属暖温带塔里木荒漠和柴达木荒漠，山前平均年降水量小于 100 毫米。平均年降水量随山地海拔增高而略增，暖温带荒漠被高山荒漠所取代，由特有的垫状驼绒藜与西藏亚菊组成。源于昆仑山脉北坡诸河流，源远流长，汇流于塔里木盆地与柴达木盆地内流水系。

昆仑山景色

昆仑山脉西高东低，按地势分西、中、东3段。

①西段。从喀拉喀什河上游的赛图拉与叶尔羌河上游的麻扎通过的新藏公路，构成昆仑山脉西、中段的分水界。西段主要山口有乌孜别里山口、明铁盖山口、红其拉甫达坂及康西瓦等，为通往阿富汗及巴基斯坦的交通要道。西昆仑山平均海拔为5500～6000米，海拔在7000米以上的山峰有3座，6000米以上的山峰有7座。北坡降水量大于南坡，主峰形成现代山岳冰川作用中心，年平均气温0℃等温线大致沿4000米等高线通过，最高山带的年平均气温为-15～-7.5℃。公格尔山是昆仑山脉的最高峰，海拔7649米；慕士塔格山次之，海拔7509米。公格尔山的冰川面积为300平方千米，有20余条冰舌向下散射；慕士塔格山的冰川面积898平方千米。发源于西段的主要河流有叶尔羌河，主要靠冰雪融水补给，在盆地北部汇流成塔里木河。

②中段。位于新藏公路与车尔臣河9个大坂山，即东经77°～86°，主脉向南略呈弧形；克里雅山口和喀拉米兰山口是该段联系新疆与西藏的通道。中昆仑山平均海拔5000～5500米，海拔6000米以上的山峰有8座。北坡雪线5100～5800米。主要河流有喀拉喀什河、玉龙喀什河、克里雅河、尼雅河及安迪尔河。

③东段。向东略呈扇形展开，分为3支：北支祁漫塔格山，其南隔以阿牙克库木盆地，东延为唐松乌拉山、布尔汗布达山；中支阿尔格山，东延为博卡雷克塔格、唐格乌拉山与布青山，地形上与阿尼玛卿山相接；南支可可西里山，东延与巴颜喀拉山相接。昆仑山垭口是青藏公路必经之道。东昆仑山海拔6000米以上的山峰有4座，5000米以上的山峰有8座，平均海拔4500～5000米，积雪分布在5800米以上的山峰。昆仑山垭口一带的雪线高度，北坡5200米，南坡5400米。雪线附近的年平均气温-9～-8℃。山间谷地西大滩（海拔4200米）一带的年平均气温低于-3℃，平均年降水量350毫米左右。山地顶部年降水量略有增加。青藏高原北坡现代多年冻土的下界在4200米左右。主要河流有流入塔里木盆地中的车尔臣河，流入柴达木盆地的那仁郭勒河、乌图美仁河、格尔木河及柴达木河。

《中国大百科全书》普及版·如画江山——千姿百态的大地 ruhuajiangshan qianzibaitaidedadi

12. 天山山脉

亚洲内陆中部的山系。世界干旱区域的多雨山地之一。横贯中国新疆维吾尔自治区中部，西端伸入哈萨克斯坦和吉尔吉斯斯坦。全长2500千米。其中在中国境内，东起哈密市东，西到乌恰县西北，东西长

天山雄姿

约1760千米；南北约跨5个纬度（北纬40°31′～45°23′），宽250～350千米。面积约41万平方千米。山地耸立于准噶尔盆地与塔里木盆地之间，海拔多在4000米以上。位于西段的托木尔峰是天山山脉的最高峰，海拔7443米；东段的高峰是博格达峰，海拔5445米。

地质与地貌　在地质历史上，天山地槽形成于震旦纪晚期。经加里东运动特别是华力西运动，地槽发生全面性回返，褶皱隆起形成古天山山地。构成山地的主要岩石是古生代变质岩和火山碎屑岩及华力西期的侵入岩等。中生代至古近纪末，古天山被剥蚀夷平成为准平原。新近纪，特别是上新世以后，准平原发生断块抬升，形成多级山地夷平面，后经冰川与流水交替作用，成为现代天山。山脉由一系列大致平行的北天山、中天山和南天山组成，山体之间夹有许多宽谷与盆地。是中国重要的地震带区。1600～1979年，新疆500多次4.6级以上地震，有50%以上发生在这一地区。

天山山地现代地貌过程从山顶到山麓，依次可分为：①常年积雪和现代冰川作用带。位于海拔3800～4200米以上的冰雪覆盖的极高山带。据统计，天山拥有现代冰川近7000条，面积1万平方千米。②霜冻作用带。位于海拔2600～2700米以上的山区，堆积了大量古代冰川沉积物，并保留了多种冰川侵

蚀地形。③流水侵蚀、堆积带。位于海拔 1500～2700 米（或 2800 米），河网密布，河谷阶地发育。④干旱剥蚀低山带。位于海拔 1300～1500 米以下，年降水量 200～400 毫米，南坡位于海拔 1700～2000 米以下，年降水量 100～150 毫米。外营力以干燥剥蚀作用为主，南坡尤盛。

气候与水文　山地气候，一年中明显分成冷、暖两季。冷季天气多晴朗，3000 米以下的山地、盆地和谷地积雪深厚，且多雾霜；暖季（夏季）海拔 3000 米以上多雨雪，3000 米以下气候凉爽。各地湿度差别受高程控制。

在天山山地，特别在天山西段，冬季往往形成明显的逆温层结。逆温产生于 10 月，消失于翌年 4 月。以 1 月的层结为最大，达 3000 米左右。

天山山地的年降水量，同一山坡自西到东逐渐减少；山地迎风坡（北坡）多于背风坡（南坡）；山地内部盆地或谷地少于外围山地。天山北坡的平均年降水量多在 500 毫米以上，是中国干旱区中的湿岛。其中以西段的中山森林带最多。海拔接近海平面的托克逊年降水量最少，只有 6.9 毫米。降水季节变化很大，最大降水集中在 5～6 月，以 2 月最少。

天山山地的最大降水带随季节上下迁移。冬季最大降水带在海拔 1500～2000 米，夏初开始向上迁移，7～8 月升到海拔 5000 米的极高山带，此后开始回返，至 10 月回到冬季原来位置。山地暴雨历时短暂，但强度很大。积雪分布与降水相同。

天山山地为新疆不少大河的源头，如伊犁河、塔里木河等。在不到 20 万平方千米的山地径流形成区内，有大小河川 200 多条，年总径流量为 436 亿立方米，占新疆河川径流总量的 52%。引水灌溉遍及新疆 57 个市、县的绿洲农田。按各河出山口以上的集水面积计，年平均径流深 271 毫米。河流年径流变差系数一般为 0.1～0.2，变化相对稳定。天山山地为中国年径流变差系数最小的地区之一。

经济概况　天山山地气候湿润，水源充足。山地中森林面积约占全新疆森林面积的 50%，草场面积约占全新疆草场面积的 47%。此外，天山矿产种类繁多，新疆的工矿区亦多分布于天山南北。已建成独（山子）—库（车）、伊（宁）—若（羌）、乌鲁木齐—巴仑台—库尔勒等多条公路。

《中国大百科全书》普及版◎

如画江山——千姿百态的大地

ruhuajiangshan qianzibaitaidedadi

13. 祁连山

中国甘肃省西南部和青海省东北部的巨大山系。古匈奴语，意为"天山"。因在河西走廊之南，又称南山。位于北纬36°～40°，东经94°～103°，北西西—南东东走向，长900～1000千米，宽250～300千米，面积20.6万平方千米。东起乌鞘岭，西止当金山口，南邻柴达木盆地、茶卡-共和盆地和黄河谷地。

地质与地貌　祁连山原为古生代的大地槽，后经加里东运动和华力西运动，形成褶皱带。白垩纪以来祁连山主要处于断块升降运动中，最后形成一系列平行地垒（或山岭）和地堑（谷地、盆地）。整个山系西北高、东南低，绝大部分海拔3500～5000米，最高峰为疏勒南山5827米的团结峰。山系南北两翼极不对称，北坡相对高度3000米，南麓相对高度500～1000米。

山系低山区风化侵蚀剥蚀作用盛行，中山区以流水侵蚀为主，高山为寒冻风化作用所控制。祁连山区存在三级夷平面：第一级，东段海拔4400～4600米，西段4800～5000米；第二级，东段4000～4200米，西段4500～4700米；第三级，东段3600～3800米，西段4000～4200米。河谷中发育多级阶地。

古冰川冰碛地貌广泛分布于北坡2700～2800米以上地区。现代冰川下限，北坡为4100～4300米，南坡4300～4500米。祁连山共有冰川3066条，总面积2062.72平方千米。储水量1320亿立方米。近100年来，冰川处于退缩阶段。

气候与水文　具典型大陆性气候特征。一般山前低山属荒漠气候，年平均气温6℃左右，平均年降水量约150毫米。中山下部属半干旱草原气候，年平均气温2～5℃，年降水量250～300毫米；中山上部为半湿润森林草原气候，年平均气温0～1℃，年降水量400～500毫米。亚高山和高山属寒冷湿润气候，年平均气

祁连山远眺

温 -5℃左右，平均年降水量约 800 毫米。山地东部气候较湿润，西部较干燥。

祁连山水系呈辐射-格状分布。辐射中心位于北纬 38°20′、东经 99° 附近的"五河之源"，即黑河、托来河（北大河）、疏勒河、大通河和布哈河源头。由此沿冷龙岭至毛毛山一线，再沿大通山、日月山至青海南山东段一线为内外流域分界线，此线东南侧有黄河支流庄浪河、大通河、湟水，属外流水系；西北侧的石羊河、黑河、托来河、疏勒河、党河、哈尔腾河、鱼卡河、塔塔棱河等属内陆水系。上述各河多发源于高山冰川，以冰雪融水补给为主。河流流量年际变化较小。

植被与土壤　植被垂直带结构，山地东、西部的南、北坡不尽相同。东段北坡植被垂直带谱（自下而上）为荒漠带（只有草原化荒漠亚带）—山地草原带—山地森林草原带—高山灌丛草甸带—高山亚冰雪稀疏植被带，南坡植被垂直带谱为草原带—山地森林草原带—高山灌丛草甸带—高山亚冰雪稀疏植被带；西段北坡植被垂直带谱为荒漠带—山地草原带—高山草原带—高山亚冰雪稀疏植被带，南坡植被垂直带谱为荒漠带—高山草原带（限荒漠草原亚带）—高山亚冰雪稀疏植被带。

土壤与植被相对应，东段北坡为灰钙土带—山地栗钙土带—山地黑土（阳坡）和山地森林灰褐土（阴坡）带—高山草甸土（阳坡）和高山灌丛草甸土（阴坡）带—高山寒漠土带，南坡为灰钙土带—山地栗钙土（阳坡）和山地森林灰褐土（阴坡）带—高山草甸土（阳坡）和高山灌丛草甸土（阴坡）带—高山寒漠土带；西段北坡为棕荒漠土带—山地灰钙土带—山地栗钙土带—高山寒漠土带，南坡为灰棕荒漠土带—高山棕钙土带—高山寒漠土带。

经济概况　祁连山区农业主要限于东部的湟水和大通河中下游谷地及北坡的山麓地带，一年一熟。草场辽阔，宜于发展畜牧业，并有大片水源涵养林。有多种药用植物和其他经济植物，还有不少珍贵动物，如甘肃马鹿、蓝马鸡、血雉、林麝等。

北祁连山有菱铁-镜铁矿、赤铁-磁铁矿，祁连山东段有黄铁矿型铜矿，肃北和酒泉南山一带有黑钨矿石英脉和钨钼矿。是中国西部钨矿蕴藏丰富的地区之一。甘、青两省交界处有国家级的祁连山自然保护区。

14. 横断山脉

世界最年轻山系之一。中国最长、最宽和最典型的南北向山系，唯一兼有太平洋和印度洋水系的地区。位于青藏高原东南部，通常为川、滇两省西部和西藏自治区东部南北向山脉的总称。因"横断"东西间交通，故名。其范围界限有"广义"和"狭义"之说。按广义说，介于北纬22°～32°05′、东经97°～103°，即东起邛崃山，西抵伯舒拉岭，北界位于昌都、甘孜至马尔康一线，南界抵达中缅边境的山区，面积60余万平方千米。狭义仅指怒江、澜沧江和金沙江并列南流"三江地区"的南北走向山地。境内山川南北纵贯、东西并列，自东而西有邛崃山、大渡河、大雪山、雅砻江、沙鲁里山、金沙江、芒康山（宁静山）、澜沧江、怒山、怒江和高黎贡山等。

地质与地貌　位于中国西部地槽区与介于上述地槽区和中国东部地台区之间的康滇地轴。印支运动使区内褶皱隆起成陆，并形成一系列断陷盆地。盆地中为侏罗系、白垩系地层。燕山运动期又发生褶皱和断裂。直到第三纪中期，地壳缓慢上升，经受了长期剥蚀夷平，形成广阔夷平面。第三纪末期至第四纪初期，构造运动异常活跃，统一的夷平面变形、解体，岭谷高差趋于明显。第四纪经历多次冰川作用。区内丘状高原面和山顶面可连接为一个统一的"基面"，"基面"上有山岭，下为河谷和盆地；横断山脉岭谷高差悬殊。邛崃山脊海拔3000米以上，主峰四姑娘山海拔6250米，其东南坡相对高差达5000余米。大雪山主峰贡嘎山海拔7556米，为横断山脉最高峰。其东坡从大渡河谷底到山顶水平距离仅29千米，而相对高差达6400米。沙鲁里山海拔一般在5500米以上，北部的高峰雀儿山海拔6168米。其西的金沙江、澜沧江和怒江，相距最近处在北纬27°30′附近，直线距离仅76千米。三江江面狭窄，两岸陡峻，属典型的V形深切峡谷，以独特的原始风情而闻名，被称为"香格里拉"。

横断山脉山间盆地、湖泊众多，古冰川侵蚀与堆积地貌广布，现代冰川作用发育，重力地貌作用造成的山崩、滑坡和泥石流屡见。同时，地震频繁，是中国主要地震带之一，著名的有鲜水河、安宁河和小江等地震带。

气候、植被和土壤　横断山脉气候受高空西风环流、印度洋和太平洋季风环

云南澜沧江畔横断山脉梅里雪山山脚下的藏族村落

流的影响，冬干夏雨，干湿季非常明显。一般5月中旬至10月中旬为湿季，降水量占全年的85％以上，不少地区超过90％，且主要集中于6、7、8三个月；从10月中旬至翌年5月中旬为干季，降雨少，日照长，蒸发量大，空气干燥。气候有明显的垂直变化，高原面年平均气温14～16℃，

最冷月6～9℃，谷地年平均气温20℃以上。南北走向的山体屏障了西部水汽的进入，如高黎贡山东坡保山，平均年降水量903毫米，年平均相对湿度70％，而西坡龙陵分别为2595毫米和83％。

植被和土壤依气候、地势而变，从东南到西北，可划分为：①边缘热带季风雨林-红壤带。②亚热带常绿阔叶林-红壤黄壤带。③暖温带、温带针阔叶林-褐色土、棕壤带。④寒温带亚高山森林草甸-暗棕壤和亚高山草甸土带。其中第②带带谱结构最完整，具有从亚热带到永久冰雪带的所有分带。如贡嘎山东坡：①山地亚热带常绿阔叶林-黄红壤、黄棕壤带（海拔1000～2400米）。②山地暖温带针阔叶混交林-棕壤带（海拔2400～2800米）。③山地温带、寒温带针叶林-暗棕壤、漂灰土带（海拔2800～3500米）。④亚高山亚寒带灌丛草甸-亚高山草甸土、高山草甸土带（海拔3500～4400米）。⑤高山寒带流石滩植被-寒漠土带（海拔4400～4900米）。⑥极高山永久冰雪带（海拔4900米以上）。

资源和人文概况　横断山脉是中国重要的有色金属矿产地。其中金沙江、澜沧江和怒江成矿带以有色金属为主的各种矿藏多达100种以上；在雅砻江和金沙江交汇处一带的成矿带富含钒钛磁铁矿，如攀枝花市地区是中国铁矿储量很大的地区之一，同时又是中国生产钒钛金属和其他有色金属及稀有金属的重要基地。横断山脉是中国主要水能资源分布区。如金沙江以枯水位计算，干流落差达3000

余米，包括支流在内，水能蕴藏量近 1 亿千瓦。

区内自然条件对动植物的生存发展极为有利。植被具有古北植物区系、中亚区系、喜马拉雅区系和印度马来亚区系多种成分。多古植物的孑遗种属，如乔杉、铁杉、连香树、水青树、珙桐等，特别是第三纪的古老植物种类如云杉属和冷杉属种类占全国一半以上。森林资源富饶而广布，是中国第二大林区——西南林区的主体部分。经济林木和果木丰富。盛产贝母、冬虫夏草、天麻、大黄、三七、麻黄等中药材。花卉种类繁多，尤以杜鹃花、报春花和山茶花为著。动物兼具东洋界西南区、古北界青藏高原区和北方华北区等多种成分，兽类、鸟类和鱼类约占全国总数一半以上；国家保护的珍贵稀有动物有大熊猫、金丝猴、滇金丝猴、白唇鹿、牛羚、野牛、野象、长臂猿、小熊猫、斑羚、林麝、豹、云豹、马麝、水鹿、藏雪鸡、绿尾红雉、血雉等。

横断山脉是中国少数民族聚居地区，除汉族外，有藏、彝、纳西、怒、傈僳、独龙、普米、白、布依等 20 多个民族，多数地区人口密度低。区内工农业生产水平较低。

15. 岷山

中国岷江、涪江、嘉陵江上源白龙江和黄河支流白河、黑河的分水源地。中国大熊猫主要分布区，著名自然风景区。介于川、甘边境，南北逶迤 500 多千米，故有"千里岷山"之说。甘肃境内为岷山北段，由花尔盖山、光盖山、迭山、古麻山等组成。四川境内为岷山中南段，有红岗山、羊拱出、鹧鸪山、雪宝顶等，是岷山的主体部分。岷山为强烈隆升的褶皱山地，山势北段为北西向，南段转为东北向，山脊海拔 4000～4500 米。主峰雪宝顶位于四川省松潘县城东 20 多千米，海拔 5588 米，5000 米以上有现代冰川分布，古冰川遗迹很多。山体由砂岩、板岩、石灰岩和花岗岩等组成，地形崎岖。富煤、铁、铜、金、铅、锌、铀、水晶等矿产。岷山多海子（湖泊），较大者有花海子、红星海子、干海子、长海子等，以南坪九寨沟最集中。山地多森林，其中南坪是四川主要林区之一。林内有大熊猫、金丝猴、扭角羚、梅花鹿、白唇鹿等珍稀保护动物。是中国大熊猫分布密度最大、数量最多的山系。已建立了唐家河、王朗、九寨沟、白河、白水江和铁布 6 个自然保护区。岷山山清水秀，黄龙寺、九寨沟自然风景区均为中国重点游览名胜区。

16. 大雪山

大雪山主峰贡嘎山

中国大渡河与雅砻江的分水岭。位于甘孜藏族自治州内，介于大渡河和雅砻江之间，呈南北走向，由北向南有党岭山、折多山、贡嘎山、紫眉山等，其余脉牦牛山向南伸入凉山彝族自治州，南北延伸 400 多千米，是横断山脉的主要山脉之一。山体主要由砂板岩、花岗岩组成，多海拔 5000 米以上高峰。其中，主峰贡嘎山海拔 7556 米。海拔 5000 米以上高山有现代冰川分布。大雪山东陡西缓，西高东低。西坡多宽缓的高原面及断陷山间盆地，气候高寒，以牧业为主；东坡为深切割的高山峡谷，气候垂直分布明显，为农、林、牧交错区。大雪山是四川重要林区，有冷杉、鳞皮冷杉、黄果冷杉、长苞冷杉、川西云杉、丽江云杉及云南松、高山松、落叶松等针叶树种。矿产种类繁多，有铁、铜、金、铅、锌、锡、钨、镍、铍、锂、铌、云母、石棉等。大雪山西部为藏族分布区，东部属汉、藏杂居区。川藏公路通过的折多山垭口，海拔 4290 米。

第二章　衰老的巨龙——冰川

[一、冰川]

　　极地或高山地区沿地面运动的巨大冰体。由大气固体降水经多年积累而成，是地表重要的淡水资源。"冰川"一词来自拉丁文 glacies（意为冰）。以平衡线（又称雪线）为界把冰川分为两部分，上部为粒雪盆（又称冰川积累区），下部为冰舌区（又称冰川消融区），它们构成一个完整的冰川系统。

　　认识史　中国很早就有冰雪现象的记述。唐朝玄奘等把天山木扎尔特冰川描写为"冰雪所聚，积而为凌，春夏不解……"但是现代冰川的研究始于欧洲阿尔卑斯山。1840 年 J.L.R. 阿加西建立世界上第一个冰川研究站，系统研究了阿尔卑斯山的冰川，为冰川学的建立奠定了基础。1911 年 J.P. 科赫和 A.L. 魏格纳开创对大陆冰盖的研究。20 世纪 50 年代以来几次大规模的国际合作计划，70 年代以来氧同位素、雷达测量、卫星遥感和遥测技术的应用，都有效地促进了对冰川的认识和研究。

世界冰川分布表

地区	冰川面积 (km²)
南极洲	13980000
格陵兰岛	1802400
北极岛屿	226090
法兰士约瑟夫地群岛	13735
新地岛	24420
北地群岛	17470
西斯匹次卑尔根岛	21240
加拿大北极岛屿	148825
其他小岛	400
欧洲	21415
冰岛	11785
斯堪的纳维亚半岛	5000
阿尔卑斯山	3200
高加索山	1430
亚洲	109085
帕米尔高原阿赖谷	11255
天山	7115
准噶尔阿拉套山、阿尔泰山、萨彦岭	1635
东西伯利亚	400
堪察加半岛、科里亚克山	1510
兴都库什山	6200
喀喇昆仑山	15670
喜马拉雅山	33150
青藏高原	32150
北美洲	67522
阿拉斯加（太平洋沿岸）	52000
阿拉斯加内陆	15000
美国	510
墨西哥	12
南美洲	25000
委内瑞拉、哥伦比亚、厄瓜多尔安第斯山，秘鲁安第斯山，智利和阿根廷安第斯山、火地岛	7100
巴塔哥尼亚安第斯山	17900
非洲（肯尼亚山、乞力马扎罗山、鲁文佐里山）	22.5
大洋洲	1014.5
新西兰	1000
新几内亚	14.5
合　计	16232549

据《世界水量平衡和全球水资源》(1978)。

分布　冰川自两极到赤道带的高山都有分布，总面积约 16232549 平方千米。现代冰川面积的 97％、冰量的 99％为南极大陆和格陵兰两大冰盖所占有，特别是南极大陆冰盖面积达到 1398 万平方千米（包括冰架），最大冰厚度超过 4000 米，冰从冰盖中央向四周流动，最后流到海洋中崩解。极地以外不同纬度的山地，其高度在当地雪线以上者，发育山岳冰川。其中，世界中、低纬山岳冰川以亚洲中部山地最发达，特别是喀喇昆仑山系有 37％的山地面积为冰川覆盖，长度超过 50 千米的冰川有 6 条。中国境内的冰川主要集中于喜马拉雅山、昆仑山、喀喇昆仑山、念青唐古拉山、横断山、祁连山、天山和阿尔泰山等山区，据 1987 年统计，冰川面积约为 58700 平方千米，占亚洲冰川面积一半以上。欧洲阿尔卑斯山的冰川面积不算大，但在山岳冰川研究发展史中占重要地位。

形成　冰川是由多年积累起来的大气固体降水在重力作用下，经过一系列变质成冰过程而形成的，主要经历粒雪化和冰川冰两个阶段。

①粒雪化。新降的雪花形态万千，但基本是六角状雪片和柱状雪晶。新雪降落到地面后，经过一个消融季节未融

阿根廷莫雷诺冰川

化的雪，称粒雪。新雪的水分子从雪片的尖端和边缘向凹处迁移，使晶体变圆的过程，称粒雪化。在这个过程中，雪逐步密实，经融化、再冻结、碰撞、压实，使晶体合并，数量减少而体积增大，冰晶间的孔隙减小，发展成颈状连接，称为密实化。粒雪化和密实化过程在接近融点的温度下进行很快，在负低温下进行缓慢。

②冰川冰。当粒雪密度达到 $0.5 \sim 0.6$ 克/厘米^{3}时，粒雪化过程变得缓慢。在自重的作用下，粒雪进一步密实或由融水渗浸再冻结，晶粒改变其大小和形态，出现定向增长。当粒雪密度达到 0.84 克/厘米^{3}时，晶粒间失去透气性和透水性，便成为冰川冰。粒雪转化成冰川冰的时间从数年至数千年。冰川冰含气泡较多时，呈乳白色，称为粒雪冰。粒雪冰进一步受压，气泡亦被压缩，就出现浅蓝色的冰川冰。冰川冰是大而形态不规则的多晶集合体。山岳冰川冰的密度很少超过 0.9 克/厘米^3，极地冰盖深处的冰密度接近纯冰（ 0.917 克/厘米^3 ），冰晶内部是非常纯净的。在冰川运动过程中，冰晶粒径可增大到 100 厘米以上。冰晶有层状构造，可以像一叠卡片那样错动变形，变形速度与温度高低有密切关系，这对于冰的力学、热学和电学性质都很重要。

类型 按照冰川的规模和形态，冰川分为大陆冰盖（简称冰盖）和山岳冰川（又称山地冰川或高山冰川）。大陆冰盖全球只有两个，即南极冰盖和格陵兰冰盖，占全球冰川总体积的99％。山岳冰川主要分布在地球的高纬和中纬山地区，低纬高山区数量较少。主要有以下几种类型：①悬冰川。高悬在山脊或山坡上的一种小型冰川。无明显的粒雪盆或冰舌区，是数量最多而体积最小的冰川。②冰斗冰川。发育在沟脑或山脊侧旁的围椅状粒雪盆中的小型冰川。底部下凹，后壁陡峻，没有或仅有很短的冰舌。③山谷冰川。发育最成熟的冰川。又称谷冰川。

南极大陆冰盖

以雪线为界，有从粒雪盆流出或山坡雪崩补给形成的长大冰舌，长数千米至数十千米，基本上反映山岳冰川的全部特征。世界上最长的山谷冰川是阿拉斯加的哈伯德冰川，长150千米。完全在中国境内的最长的山谷冰川是喀喇昆仑山北坡的音苏盖提冰川，长41.5千米。山谷冰川按照冰流条数分为单式山谷冰川、复式山谷冰川，按形态分为树枝状山谷冰川、网状山谷冰川、溢出山谷冰川、宽尾山谷冰川和山麓冰川等。④平顶冰川。发育在雪线以上平坦山顶面上的冰川。形如薄饼，冰面平整洁净，缺少表碛，边缘时有小冰舌。如果冰川很大，覆盖整个山顶或山区的大部分，则为冰帽。还有一些介于上述类型之间的过渡形态的山岳冰川，如冰斗-悬冰川、冰斗-山谷冰川等。如果陡峻山崖上部冰雪悬空崩落到谷底再堆积可形成再生冰川，在某些火山口内也可以形成火山口冰川。

按照冰川的物理性质（如温度状况等）分为：①极地冰川，整个冰层全年温度均低于融点；②亚极地冰川，除表面可以在夏季融化外，冰层大部分低于融点；

③温冰川，除表层冬季冻结外，整个冰层处于压力融点。极地冰川和亚极地冰川又合称冷冰川，多分布于南极大陆和格陵兰岛。温冰川主要发育在欧洲的阿尔卑斯山、斯堪的纳维亚半岛、冰岛，阿拉斯加，新西兰等降水丰富的海洋性气候地区。

冰川作用　除了冰体内部的力学、热学相互作用外，冰川作用还表现在它对地表的塑造过程，即冰川的侵蚀、搬运与堆积作用。

与自然环境和人类活动的关系　冰川作为地球水圈的一部分参与了全球性的水分循环，对全球的气候也有影响。两极冰盖的存在使极地成为地球上两个主要的冷源，在其上空形成了极地气团，冰盖的扩展或退缩都影响着极地气团的强弱和大气环流的形势。南极大陆冰盖的降水补给较少，整个南极大陆每年可积累约2200立方千米的冰量，南极冰盖每年崩解入海成为冰山或浮冰块，冰量达1200～2200立方千米。显然，冰盖的扩大或缩小，影响参与全球水分循环水量的大小，改变着水量平衡要素之间的关系。降落到山岳冰川区的降水补给了冰川，一部分被蒸发，另一部分汇集冰雪融水形成径流注入江河。冰川的存在又使高山区成为一个局部的湿冷源，在气流交换过程中形成云和局部降水，促进了地方性水分小循环作用。

冰川是重要的淡水资源。在中、低纬度干旱区，冰川为高山淡水固体水库。

阿尔卑斯山的雄姿

冰雪融水不仅对山区河川径流起多年调节作用，而且更是戈壁荒漠、绿洲农田灌溉的重要水源。高山冰川区还以其风景秀丽吸引旅游者，成为高山旅游区。

山岳冰川也往往给人类带来危害。如冰湖溃决，形成冰川暴发洪水，在喀喇昆仑山北坡的叶尔羌河上游，这种突发性洪水的洪峰流量可达 5000～6000 米³/秒。在强烈消融季节也常发生冰川泥石流，特别在暴雨和强消融时期叠加在一起时，其发生频率最高，规模亦大。这些灾害破坏交通、冲毁村庄、淹没农田、阻塞江河，给下游人民的经济活动和生命财产造成很大损失。

[二、冰川地貌]

由冰川作用形成的地表形态。现在地球陆地表面有 11% 的面积被冰川覆盖，其中南极洲和格陵兰岛的绝大部分被厚度为 1000～3000 米的大陆冰盖掩埋，中低纬度的高山和高原地区也有不少现代冰川。第四纪冰期时，冰川曾波及更广阔的地域，北美洲、欧洲和亚洲北部当时曾形成连绵的大陆冰盖，中低纬高山和高原地区冰川也扩大为巨型的山谷冰川和山地冰盖。在古冰川流行过的和现代冰川发育的地方，地表形态受到深刻的改造，形成与流水、风、海浪等外营力塑造的地貌完全不同的地貌景观。

1. 冰川运动

一般包括冰川的内部流动和底部滑动两部分。它是冰川进行侵蚀、搬运、堆积并塑造各种冰川地貌的动力。冰的厚度达到某一临界值（与坡度有关），就能克服内摩擦而发生内部流动，或克服冰与谷床的摩擦而发生底部滑动。海洋性冰川底部处于压力融点，冰川运动包括内部流动和底部滑动（图 a）；大陆性冰川如其底部因冰温太低而与冰床冻结在一起，冰川运动则仅为内部流动（图 b）。运动着的冰川（年流速数米到千米不等）不仅侵蚀冰床，形成各种冰川侵蚀地貌；它还不断地从冰床、两岸获得大量岩屑，经冰川表面、内部和底部向下输送，最后在不同部位沉积下来，形成各种冰川堆积地貌。

冰川运动并不是塑造冰川区地貌的唯一营力。冰盖表面的石山（岛峰）和山岳冰川地区的裸露山坡还受到冰缘寒冻风化、雪蚀和雪崩的作用，冰川表面、内部、底部和边缘则常受冰水河流的侵蚀作用，冰川融化产生特殊的沉积地形。因此，冰川地貌景观是许多地貌营力共同作用的结果。

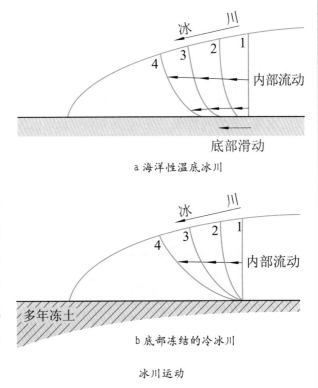

a 海洋性温底冰川

b 底部冻结的冷冰川

冰川运动

2. 冰川侵蚀地貌

冰川冰含有数量不等的岩屑，它们是冰川进行磨蚀和压碎作用的工具。处于压力融点的冰川冰和冰床之间的应力时有变化，导致融冰水的再冻结和促进拔蚀作用。磨蚀和压碎作用形成以粉砂为主的细颗粒物质，拔蚀则产生巨大的岩块和漂砾。通过这些作用冰川塑造出小到擦痕、磨光面，大到冰斗、槽谷、岩盆等冰川侵蚀地貌。

擦痕、磨光面和羊背岩 冰川擦痕是古冰川地区基岩表面最常见的冰川侵蚀微形态。它们是底部冰中岩屑在基岩上刻划的结果，具有指示冰流方向的意义。擦痕形状多样、大小不一，有细到肉眼难辨的擦痕，也有延伸数米至数十米的冰川擦槽。同一基岩面上出现几组擦痕，说明冰流方向曾发生变化；相邻地方擦痕方向不同则表示冰川底部流向的局部变化。冰川磨光面由细小岩屑（如砂和粉砂）在质地致密的基岩面上长期磨蚀形成，实际是由密集的擦痕组成的。羊背岩是冰川侵蚀岩床造成的石质小丘。它们大体顺冰川流向成群分布，长轴数米至数百米不等，有时大的羊背岩上叠加小的羊背岩。羊背岩反映冰川侵蚀的主要机制。它的迎冰面坡长而平缓光滑，是磨蚀作用造成的；背冰面陡峭、参差不齐，是冰川拔蚀作用的产物。如果羊背岩的迎冰面和背冰面都发育成流线形，便名鲸背岩。

冰斗、刃脊和角峰　这一组冰川侵蚀地形出现在山岳冰川区的上游，位于古雪线之上。冰斗是最常见的冰蚀地貌之一。按位置分为谷源冰斗和谷坡冰斗。谷源冰斗一般大于谷坡冰斗，往往还有次一级的冰斗分布在周围，因而又称围谷。典型的冰斗由岩盆、岩壁和岩槛三部分组成。岩盆是一个封闭的洼地，冰川消退后积水成湖，称冰斗湖。刃脊为刃状山脊，由冰斗不断扩大、斗壁后退，使相邻冰斗间的岭脊变成刀刃状而形成。角峰为尖状金字塔形的山峰，由数个冰斗包围形成，其发育程度是冰川地形发育成熟与否的标志之一。

冰川谷和峡湾　冰川谷是冰川作用区最明显的冰蚀地貌之一。典型的形状是槽谷，又称冰川槽谷或 U 形谷。槽谷在山岳冰川地区分布在雪线之下，源头和两侧被冰斗包围，主、支冰川汇合处易形成悬谷。槽谷两侧一般具有明显的槽谷肩和冰蚀三角

冰川槽谷和悬谷

面。槽谷底部常见冰阶（岩槛）与岩盆，两者交替出现，积水成为串珠状湖泊。

　　大的冰阶形成冰瀑布，如贡嘎山海螺沟冰川有高达千米的冰瀑布。大陆冰盖或高原冰帽之下也有槽谷，这种槽谷上源没有粒雪盆，曾被称为冰岛型槽谷。中国川西高原也有这种槽谷。峡湾为海侵后被淹没的冰川槽谷。大陆冰盖或岛屿冰帽的入海处常形成很深的峡湾，如挪威西海岸的峡湾十分发育，以风光绮丽闻名于世。

3. 冰川堆积地貌

冰川沉积包括冰川冰沉积、冰川冰与冰水共同作用形成的冰川接触沉积，以及冰河、冰湖或冰海形成的冰水沉积。这些沉积物在地貌上组成形形色色的终碛垄、侧碛垄、冰碛丘陵、槽碛、鼓丘、蛇形丘、冰砾阜、冰水外冲平原和冰水阶地等。

终碛、侧碛和冰碛丘陵　终碛和侧碛是在冰川末端与边沿堆积起来的冰碛垄，标志着古冰川曾达到的位置和规模。冰川前进时形成的终碛垄一般很大，高数十至二三百米。它们是冰舌前进时被推挤集中起来的，剖面上常出现逆掩断层、褶曲或焰式构造，属变形冰碛。以这种变形冰碛为基础的终碛垄，又称推碛垄。如果几次冰进达到同一位置，终碛叠加变高形成锥形终碛。贡嘎山西坡贡巴冰川前有一典型的锥形终碛。冰川后退时形成一系列规模较小的冰退终碛，一般比较低矮，不易出现包含变形冰碛的推碛垄。大陆冰盖的终碛可连续延伸几百千米，曲率很小。山谷冰川的终碛曲率很大，向上游过渡为冰舌两侧的侧碛。侧碛在山岳冰川地区是比终碛更易保存的堆积形态。它们分布范围广，不易被冰水河流破坏。在谷坡上往往有高度不同的多列侧碛。冰碛丘陵是冰川消失时由冰面、冰内和冰下碎屑降落到底碛之上所形成的不规则丘陵地形。它指示冰川的停滞或迅速消亡，广泛发育于大陆冰盖地区，高数十或数百米；在山岳冰川区规模较小。中国西藏波密地区古冰川谷底有冰碛丘陵，最高有 30～40 米。

鼓丘和槽碛垄　鼓丘是由冰碛或部分冰水沉积组成的流线型冰川堆积地形。平面呈卵形，长轴与冰流方向平行，迎冰面陡而背冰面缓。在大陆冰盖地区鼓丘常成千地密集出现，山岳冰川地区则偶然见到。槽碛垄是与鼓丘形成机制类似的长条垄状冰川堆积地形，在鼓丘下游因应力减低由冰碛集中而成。中国天山乌鲁木齐河上游和博格多山四工河上游现代冰川的前沿都曾发现近期形成的槽碛垄，高 1 米左右，伸延十余米至数十米，清楚地指示冰川的流向。

蛇形丘、冰砾阜和冰砾阜阶地　冰川接触沉积形成的地貌。冰川接触沉积是在冰川边沿、表面和底部的冰川融水中沉积的砂砾或粉砂层。沉积时有冰川的支撑或包围，冰川消亡后它们失去支撑而发生塌陷变形。蛇形丘是狭长、曲折如蛇的垄岗状高地，两坡对称，丘脊狭窄。小的长数十至数百米，大的可达数千米至数十千米，北美洲曾见长达 400 千米的蛇形丘。冰砾阜是散布在冰川作用区的不规则分布的丘陵，由冰面或冰内空穴所接纳的冰水沉积物在冰川消融时坠落地表堆积而成。冰砾阜阶地由充填冰川两侧的冰水河道的砂砾在冰川消融时堆积形成。

  冰水平原和冰水阶地 冰源河的流量有很大的日变化与季节变化，冰源河的泥沙负载量又很高，导致冰川外围地区强烈的加积，形成顶端厚、向外变薄的扇形冰水堆积体，称为冰水扇。在大陆冰盖外围有许多冰水扇联合成外冲冰水平原，在山谷冰川地区联合成谷地冰水平原。谷地冰水平原在后期被切割成冰水阶地，冰水阶地向下游倾斜较急并逐渐尖灭，是典型的气候阶地。

4.冰川地貌景观

  大陆冰盖很少受下伏基岩地形的控制，冰盖形态单调，其塑造的地貌景观也不甚复杂。从冰盖中心到外围，冰川地貌作有规律的带状分布：最内部是侵蚀区，

出现大量的冰蚀湖泊，如芬兰曾是第四纪时期冰盖的中心，有"千湖之国"之称；此带之外鼓丘成群出现；鼓丘带之外为散乱的冰碛丘陵和冰砾阜景观，蛇形丘也分布其中；再外即为标志着古冰川边界的终碛系列和宏伟的外冲冰水平原。山岳冰川地貌的规模不及大陆冰盖地区，但更为复杂。因为还受山地地形以及冰缘雪蚀、雪崩和寒冻风化作用的影响，由上到下可分几个垂直带：雪线以上是以冰斗、刃脊和角峰为主的冰川和冰缘作用带，雪线以下和终碛垄以上为冰川侵蚀-堆积地貌交错带，最下部为终碛和谷地冰水平原（阶地）带。

冰川湖

[三、中国的冰川]

中国是世界中、低纬度山岳冰川最发达的国家。在中国西部的许多高山和青藏高原，发育有千万条冰川，是内陆干旱地区的重要水资源，也是亚洲诸大河的发源地。

生成 冰川是气候的产物。相当数量的降雪与低气温是冰川发育的主要因素，山岭的高低、位置、规模和地形直接或间接影响冰川的分布、形态和其他特征。

中国西部以海拔4000～5000米的青藏高原为基础，形成一系列高大山脉，有数百座海拔超过6000米以上的高峰，海拔和山势所提供的高山雪线以上的广大高山面积是冰川发育的基本条件。乌鲁木齐河源天山站（海拔3588米）和祁连山大雪山站（海拔4250米）记录的年均温分别为 -5.3℃及 -7.0℃，全年有8个月为负温，冰川上雪线附近的年均温更低至 -10℃和 -13℃。在慕士塔格山的冰川雪线上更可低达 -15℃。祁连山东段、天山西段、珠穆朗玛峰北坡冰川上雪线附近推测其年均温亦低达 -10 ～ -8℃。所以，中国西北的冰川就温度条件而言类似亚极地冰川，而不同于一般的温带冰川。

大陆性气候使中国西部高原雪线普遍高于世界同纬度其他山地，而且地区变动幅度也较大。最低的雪线出现在最北的阿尔泰山，海拔

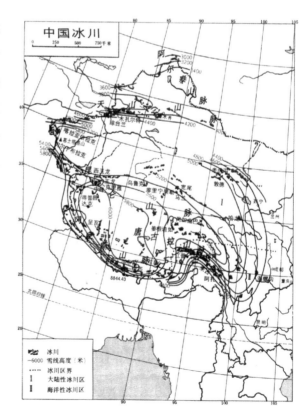

为 3000 米；最高的雪线出现于珠穆朗玛峰北坡高达 6200 米的地方，是北半球最高的雪线。雪线高度等值线则大体以青藏高原西南部为中心，呈不规则的椭圆形向边缘山地逐次降低。值得注意的是，青藏高原东南部雅鲁藏布江大拐弯附近的雪线高度比西藏西部同纬度山地低 1500 米左右。

分布　中国冰川的分布北起阿尔泰山（北纬 49°10′），南到云南的玉龙山（北纬 27°03′），东自四川松潘的雪宝顶（东经 103°55′），西达帕米尔的边境。20世纪 80 年代冰川面积达 5.65 万平方千米，分布在 12 个山区，规模较大的冰川区多分布在青藏高原边缘山地，如昆仑山、喜马拉雅山、念青唐古拉山、喀喇昆仑山和天山。高原内部山地的冰川规模较小，多以突出高峰或山顶夷平面为中心形成孤立的冰川群。

类型　中国的冰川都是山岳冰川，包括有：①悬冰川。悬挂在山脊上的小型冰川。没有粒雪盆和明显的冰舌，面积一般为 0.5 平方千米左右，是中国冰川数量最多的一类。②冰斗冰川。比悬冰川稍大，形似围椅状的冰川。具有明显的粒雪盆（凹地），或有短而不明显的冰舌，后壁陡峭而底部较缓，其长宽比大致相当，一般面积 0.5～2.0 平方千米。在冰斗口往往保存有反向坡（冰坎）和小湖。③山谷冰川。沿谷地流动的冰川。常构成冰川群的主体，由以积累为主的粒雪区和以消融为主的冰舌区两部分组成，两者之间就是雪线所在。大冰川的冰舌长度大大超过粒雪盆的长径。根据粒雪盆和冰舌规模及组合形态，往往又可分为复式山谷冰川、双支冰川、峡谷式山谷冰川、宽尾冰川和树枝状冰川等。山谷冰川是山岳冰川中规模最大、冰层最厚（百米至数百米）、刨蚀能力最强的冰川，可将大量岩屑搬运到冰舌前端，堆积成各种形态的冰碛垄。④平顶冰川。发育在山顶夷平面或高出雪线的平缓穹窿山顶的冰川。冰面平坦而洁净，一般面积为 10 平方千米左右，流动缓慢，其边缘有时伸出若干短促的冰舌。规模大的平顶冰川，冰层增厚，冰面形态不完全反映下伏地形的形态，成为山地冰帽。此外，还有许多过渡类型的冰川，如冰斗山谷冰川等。

在中国，通常按冰川发育区的气候条件分为：①海洋性（型）冰川。主要分布在降水丰富、气温较暖的山区，性质属温冰川，冰温处于压力融点。西藏东南部山地是中国最主要的海洋性（型）冰川区。②大陆性（型）冰川。发育在降水少的大陆性气候条件下，夏季凉爽而有强烈的辐射，冰川上层温度恒为负温，而下层可能是负温，也可能达到压力融点。分布较广泛，从喜马拉雅山（东段除外）北坡至阿尔泰山广大地区。③复合性（型）冰川。兼有多种温度类型，如上段冰层是处于负温的冷冰川，而下段可能转为处于压力融点的温冰川。喀喇昆仑山、天山等若干长达数十千米、从源头到末端高差三四千米以上的大冰川，多属于复合性冰川。

冰川的物理性质　融水下渗并冻结的过程是大陆性冰川普遍存在的雪变质成冰过程的基本模式，即渗浸-冻结作用。只有在某些冰川补给物质较多的粒雪盆的中上部，粒雪层大部分处于负温的条件下，在雪层自重压力下重结晶成冰，这一过程就是冷渗浸-重结晶作用。季风海洋性冰川由于雪层较厚（超过 10 米）、气温较暖（0℃ 左右），充足的融水可渗入整个粒雪层的孔隙，其成冰过程为暖渗浸-重结晶作用。

中国大部分冰川活动层的温度相当低，最低值多出现在 4～8 米深处，最低温介于 -12.8～-3.5℃，后者已接近极地冰川的温度，而少数海洋性冰川的冰温一般均接近 0℃ 左右。

中国大多数冰川流动缓慢，一般长不及 10 千米的冰川表面平均流速不超过

30米/年，比世界其他中、低纬度山地冰川小得多。唯有西藏东南部等山地的季风海洋性冰川流动较快，比同规模的大陆冰川快数倍乃至 10 倍。

　　中国冰川积累、消融的特点是：①积累主要靠暖季（5～9月）的频繁降水，而暖季也是一年里冰川消融最强的季节。②大陆性冰川积累、消融和物质平衡都是低水平的，大部分积累区年积累量介于 300～600 毫米左右，西藏东南部海洋性冰川上则可达 2500 毫米。冰川消融主要靠太阳辐射（80％），次为冰面与空气下垫面间的乱流交换热，而凝结潜热甚少。一般冰川年最大消融深度为 1000～2500 毫米（水柱），少数大冰川和海洋性冰川可超过 3500 毫米。由于积累量和消融量都不大，除少数海洋性冰川外，中国冰川物质平衡水平一般不超过收支平均的 1000 毫米/年。

《中国大百科全书》普及版◎
如画江山——千姿百态的大地
ruhuajiangshan qianzibaitaidedadi

第三章 冰封的地下世界——冻土

[一、冻土]

在0℃或0℃以下冻结，并含有冰的岩土（土壤、土、岩石）。在北美将低于0℃的土，不论是否含冰，均称为冻土。按冻结状态的持续时间分为：冬季冻结历时半个月以上，夏季全部融化的岩土称为季节冻土；连续保持冻结时间2年以上的岩土为多年冻土；持续冻结时间处于上述两者之间的为隔年冻土；持续冻结数小时至半个月的为短时冻土。

成分及构造 冻土是一种复杂的多相多成分体系组成物，有气态的水汽、各种气体，固态的矿物颗粒和冰，以及液态的未冻水。冰和未冻水的含量随外界环境（温度、压力）的变化而变化，处于动平衡状态。根据岩土矿物与冰的相互配置关系，有三种基本冷生构造：冰体均匀分布在岩土孔隙或土粒接触处的整体构造，冰以夹层和透镜体形式与土层呈互层的层状构造，冰夹层和细冰脉组合成网的网状构造。

　　分布　多年冻土分布区内有不同成因和面积的融区制约着其分布。融区面积小于10％时，为多年冻土连续分布区；融区面积大于10％时，为多年冻土不连续分布区。围绕极地分布的多年冻土为高纬度多年冻土，中国东北的多年冻土南界可达北纬46.6°，是欧亚大陆多年冻土区的最南端。在多年冻土区南界以南的山区或高原上在一定海拔以上出现的多年冻土为高海拔多年冻土。一般冻土分布（连续性、地温和厚度）自低纬度向高纬度，山区由低海拔向高海拔，冻土的年平均地温下降、连续性和厚度增大，分别具有纬度分带性和垂直分带性，但在局部地质地理因素影响下会出现非分带性现象，如大河大湖下的融区、北极岸区由于海进出现反常的冻土厚度特征等。全球多年冻土占陆地面积的25％。主要分布在极地、亚极地和高海拔的高山和高原上。中国多年冻土占国土总面积的22.4％，分布在大、小兴安岭和松嫩平原北部及西部高山和青藏高原上，以及季节冻土区内的一些高山上部，如长白山、五台山、贺兰山、大黄山、马衔山等。青藏高原的多年冻土是世界中低纬度地带海拔最高、面积最大的多年冻土区。

青藏高原

　　多年冻土南界以南还分布着残余多年冻土。它们是更新世寒冷期形成的多年冻土退化残存的结果。

　　冻土厚度一般受所在地的纬度和海拔高程的控制，具有分带性。俄罗斯的多年冻土厚度最大可达1500米以上。中国东北地区实测最大厚度为120米；青藏高原上海拔5000米处实测最大厚度为1280米，随海拔每增高100米，多年冻土厚度会增加15～30米。

　　特性　冻土中的冰在矿物颗粒间起胶结作用，使冻土的强度比冻结前大几倍甚至几十倍，一般温度越低强度越大。冻土融化时其强度急剧下降，甚至低于冻结前的强度。冻土中的含冰量大时会发生融化沉陷。冰是一种塑性黏滞体，因此冻土的瞬时黏聚力和强度很大，但在应力长期作用下具有流变性，长期黏聚力和强度就要小许多。

冰的比热是液态水的一半，故一般条件下冻土的比热和体积热容量总比冻结前的小。冰导热系数是液态水的 4 倍，因此冻土的导热系数一般都大于非冻结时。冻土的电阻率比非冻结时大几倍（基岩）到几百倍。

冻结与融化作用　主要包括：①土的冻结和融化温度。土的冻结温度受土颗粒表面能的作用和水中溶质的影响要低于 0℃，融化温度一般都高于冻结温度。②物质迁移特性。冻结时黏性土体存在一定温度梯度，相邻融土中的水分带着盐分会向土的正冻区迁移并冻结成冰，使冻结土的总含水量（冰和未冻水）和盐分比冻结前增大。渗透性良好的粗颗粒土和溶液冻结时，水分和盐分一般是由正冻区向未冻区迁移，因此冻结后的含水量和盐分比冻结前减少。③冻胀和融沉。土孔隙中水分结冰时体积会增大 9%，且冻结时水分迁移又使冻土体积比冻结前增大迁移水量的 1.09 倍，使冻土地表面隆起，称作冻胀。分散性土中以粉质土的冻胀性最强，砂砾石的冻胀性最小。当水分、温度及冻结条件相似时，各类土的冻胀性强度按以下序列递减：粉质土、亚砂土 > 亚黏土 > 黏土 > 砾石土（小于 0.05 毫米颗粒含量超过 12%）> 粗砂 > 砂砾石。除土的粒度以外，决定冻胀强度的主导因素是温度梯度和水流状态，土的溶液成分、浓度和外界压力则在不同程度上亦影响冻胀的强度和速度。冻土融化时，土体在自重作用下会产生一定量的下沉，称融沉。融化时在荷载作用下体积的压缩称为融化压缩。冻土的融沉强度与其含冰量成正比。冻土的融沉和冻胀对其上的工程建筑物的稳定性和功能有很大影响，在工程设计中应采取相应的防治措施。④冻裂和团聚。土中的大小裂隙和孔隙中的水相变成冰时的劈裂作用，把岩石和矿物颗粒碎裂成粉土颗粒，它是寒冻风化的产物；冻结时黏土颗粒和胶体发生不可逆的团聚作用，亦可形成粉土颗粒，这是一种冷生成岩作用。这两种作用都产生相同结果，使遭受反复冻融的岩土中粉粒含量增加。

冻土在寒冷环境中由于外界温度下降使冻土体内由温度梯度形成的收缩应力大于冻土的瞬时抗剪强度，使冻土表面发生开裂，在地面上形成相互垂直的裂隙网，形成多边形地面。在有水多次侵入和随后发生冻结的条件下就形成冰楔。在干燥的冰缘气候环境中在风砂作用下可形成砂楔。冰楔在退化过程中可形成土楔，土楔是冻土和冰缘环境的可靠标志。

［二、冻土地貌］

冻土地貌又称冰缘地貌，是由寒冻风化和冻融作用形成的地表形态。冰缘原指冰川边缘地区，现泛指无冰川覆盖的气候严寒地区，范围大体与多年冻土区相当，部分季节冻土区亦发育有冰缘现象。"冰缘"一词由波兰 W. 洛津斯基于 1909 年提出。

徐霞客

研究简史 对冰缘地貌的研究从古冰缘开始。最早观察和描述古冰缘现象的是中国明代徐霞客，他在明崇祯六年八月初七（1633 年 9 月 9 日）日记中记述：在五台山游中台时，"余先趋台之南，登龙翻石，其地乱石数万，涌起峰头……"龙翻石，即为石海冰缘地貌，指出了石块上下左右翻动的特点。西方在 18 世纪后期或 19 世纪前期才有类似的观察和描述。20 世纪初，洛津斯基在第 11 届国际地质学会上发表论文《机械风化的冰缘相》，首次提出"冰缘"一词和"冰缘相"概念，指出冰缘过程和气候之间的密切联系。40 年代末，出现了第一批利用古冰缘现象重建古气候环境的成果。50 年代以来，冰缘地貌研究获得较快发展，在冰缘地区化学风化和物理风化的速率及其理论模式研究、冻胀过程的野外观察和室内模拟试验等方面，都取得明显进展。中国的冰缘地貌研究始于 20 世纪 60 年代。经调查研究，已知中国发育有世界上类型最为众多的冰缘现象，约 50 种冰缘类型。

冰缘作用 地表由于气温的年变化和日变化及水的相态变化所产生的一系列冻结和融化过程。典型的冰缘区一年中气温波动在0℃上下的天数可达150～200天，使地表物质发生冻胀、热融、冻融蠕流和雪蚀等作用过程，形成冰缘地貌。①冻胀作用。水冻结引起基岩或土体膨胀的过程。使基岩沿

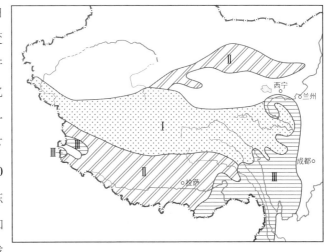

I 青南藏北冰缘地貌强烈发育区

II 藏南等山地冰缘地貌中等发育区

III 藏东南、川西等山地冰缘地貌微弱发育区

青藏高原冰缘地貌分区图

裂隙胀开，导致岩石崩解，产生巨石原地铺盖的现象——石海。石海上常有因冻胀挤压而翘起的石块——冻胀石块。地下水冻结膨胀形成的透镜状冰体，会使地面抬高成穹隆状冰丘（即冻胀丘）。地下的冻胀作用使土中所含石块受力最大，它们被抬举向上而出露地表，或形成冻胀石块，或由一个冻结中心被推向外围，形成冰缘区最常见的石多边形、石条、石网等冰缘地貌。②热融作用。冻土中的冰融化后土体发生收缩、沉陷的过程。可形成热融性的沟、塘、洼地以及大的沉陷盆地等热喀斯特地貌。③冻融蠕流作用。坡地上的冻胀和热融作用导致坡地碎屑物顺坡向下蠕动的过程。产生石河、石冰川、泥流或石流阶地和大片的泥流盖等地貌。④雪蚀作用。积雪区的冻结、热融所产生的侵蚀、搬运等过程。积雪区的消融-冻结导致的膨胀过程要几倍于无积雪冰缘区。山坡上部在雪融作用下因侵蚀、搬运形成的碟形洼地，称为雪蚀洼地，山麓处会形成冲积锥。⑤冰缘区强劲的风力可把冰水堆积和冲积的砾石磨蚀成大量的风棱石，并在外围形成砂丘，再往外则吹扬并堆积成冰缘黄土（或冷黄土）。冰缘黄土在欧洲和北美都比较发育，在中国东北和西部高山、高原区也有。

地貌形态　冰缘地貌主要的形态：

①石海和石河。石海发育于冰缘区的山顶夷平面或缓坡等平坦部位，由巨大块砾组成。往往形成于富有节理的花岗岩、玄武岩和石英岩等坚硬岩性地区，而在页岩等软弱岩性区则很难发育石海。石海形成后，很少运动，能长期保存。石海分布的下界随着纬度的降低而升高。如中国天山、昆仑山和喜马拉雅山诸山北坡上现代石海下界分布高度分别为3600米、4900米和5900米，即纬度降低1°，石海下界升高130～140米。这与冻土下界的升高值基本一致，而比同一时期、同一地区的雪线高度低约250～350米。所以，石海的分布下界可作为重要的气候地貌界线。石河发育在多年冻土区的凹地或谷地里，由风化碎屑物组成。大型的石河又称石冰川。石河的运动速度缓慢，多呈蠕动状态，如阿尔卑斯石冰川下界的年平均流速数十厘米，最大可达500厘米；昆仑山石冰川下界的年平均流速最多不超过20～30厘米。石河中的岩块在山麓处停积下来，可形成石流扇或石流阶地。

②多边形土和石环。多边形土是冰楔在地面的表现形式，发育在由细粒土组成的、坡度平缓的冰缘区。四周被裂隙所围绕，中间略有突起，规模大小不等。青藏高原的多边形土直径一般小于2～3米；唐古拉山南麓发现有直径达130米的晚更新世巨型多边形土，与高纬地区现代多边形土的发育规模相当。石环是以细粒土或碎石为中心，边缘为粗砾所围绕的石质多边形土，呈网格状或环状。规模差别很大，极地高纬度地区的石环直径可达数十米，中低纬高山地区则为0.5～3.5米。一般分布在水分充足、细粒土量大的平坦部位，多出现于河漫滩、洪积扇边缘地带。随着地表坡度的增大，冻融分选在重力和融冻泥流作用的参与下，使石环变形转化为石圈或石带。

③冰丘和冰锥。冰丘发育于冰缘地区的湖积或冲积层中，是冻胀作用引起土层局部隆起的丘状地貌。一年生冰丘分布在融-冻交替的活动层内，高数十厘米至数米，秋、冬季形成，夏季消失；多年生冰丘深入到多年冻结层中，规模较大，如昆仑山垭口的多年生冰丘高20米、长75米、宽35米。冰锥为具层状构造的锥形冰体，成因类似冰丘，由冻结产生的承压重力水冒出地表或冰面后再冻结而

成。每年冬末春初为冰锥的主要发展时期，春末以后冰锥停止发展，并转向消融，直至消失。冰锥一般发育于洼地、山麓洪积扇边缘或沿河，呈串珠状分布。

④热融地貌。由地下冰融化而产生，又称热喀斯特地貌。可分为：ⓐ热融沉陷，主要发生在平坦地面，形成沉陷漏斗、洼地、沉陷盆地等，积水后则成为热融湖，广泛分布于多年冻土发育的平原或高原地区。ⓑ热融滑塌，主要发生在缓坡地面。形态有新月形、长条形、围椅状、枝杈形等。其活动具明显的周期性，如中国大兴安岭北部、祁连山东部的热融滑塌始于每年春季，夏季达高峰，秋季逐渐停止。

⑤雪蚀洼地。多呈碟形，为发育在山坡上的小型洼地。与冰斗不同，在洼地下部出口处无明显陡坎。若气候变冷，雪线附近的雪融洼地可发育成冰斗。

分布和类型 冰缘地貌属气候地貌。主要分布在地球的高纬度和高海拔地区。在中国分布很广，占全国面积的 1/4，包括东北北部和青藏高原，以及北部某些高山（如山西五台山、秦岭太白山）。在第四纪更新世期间，特别是距今 15000 ～ 25000 年以前的晚更新世晚期，世界气候普遍较今冷而干，地球上冰缘区的面积要比现在大两倍。随着气候的地带性变化，冰缘地貌的类型和分布有相应的变化。按气候条件，冰缘地貌分为海洋性、过渡性和大陆性。中国海洋性冰缘地貌主要分布在四川西部和西藏东南部等季风海洋性气候区；大陆性冰缘地貌主要分布在青藏高原北部，是世界上典型的冰缘地貌区之一；介于上两者之间是过渡性冰缘地貌，如祁连山、喜马拉雅山北坡、天山等。在世界上，海洋性冰缘地貌包括阿尔卑斯山、挪威及瑞典山地等，大陆性冰缘地貌包括南美安第斯山等，其他山地为过渡性的。

按地带性可分为

瓦特纳景色

纬度（地带）冰缘带和高度（地带）冰缘带。前者包括世界高纬冰缘区，在中国为东北北部冰缘区；后者包括中国青藏高原和世界各地高山冰缘区。纬度和高度因素往往同时控制冰缘地貌的分布与发育。中国青藏高原从北往南，随纬度降低冰缘地貌发育的高度界线逐渐升高，纬度每降低 1°，高度线升高约 120 米，称为纬度坡降值，能表示冰缘地貌的分布特征。

[三、中国的冻土]

中国冻土可分为季节冻土和多年冻土。

季节冻土占中国领土面积一半以上，其南界西从云南章凤，向东经昆明、贵阳，绕四川盆地北缘，到长沙、安庆、杭州一带。季节冻结深度在黑龙江省南部、内蒙古东北部、吉林省西北部可超过 3 米，往南随纬度降低而减少。多年冻土分布在东北大、小兴安岭，西部阿尔泰山、天山、祁连山及青藏高原等地，总面积为国土面积的 22.4%。多年冻土主要特征如下。

阿尼玛卿山

《中国大百科全书》普及版◎ 如画江山——千姿百态的大地

ruhuajiangshan qianzibaitaidedadi

分布　中国多年冻土又可分为高纬度多年冻土和高海拔多年冻土，前者分布在东北地区，后者分布在西部高山高原及东部一些较高山地（如大兴安岭南端的黄岗梁山地、长白山、五台山、太白山）。

①东北冻土区为欧亚大陆冻土区的南部地带，冻土分布具有明显的纬度地带性规律，自北而南，分布的面积减少。本区有宽阔的岛状冻土区（南北宽200～400千米），其热状态很不稳定，对外界环境因素改变极为敏感。东北冻土区的自然地理南界变化在北纬46°36′～49°24′，是以年均温0℃等值线为轴线摆动于0℃和±1℃等值线之间的一条线。

②在西部高山高原和东部一些山地，一定的海拔高度以上（即多年冻土分布下界）方有多年冻土出现。冻土分布具有垂直分带规律，如祁连山热水地区海拔3480米出现岛状冻土带，3780米以上出现连续冻土带；在青藏公路上的昆仑山上海拔4200米左右出现岛状冻土带，4350米左右出现连续冻土带。青藏高原冻土区是世界中低纬度地带海拔最高（平均4000米以上）、面积最大（超过100万平方千米）的冻土区，其分布范围北起昆仑山，南至喜马拉雅山，西抵国界，东缘至横断山脉西部、巴颜喀拉山和阿尼玛卿山东南部。在上述范围内有大片连续的多年冻土和岛状多年冻土。在青藏高原地势西北高、东南低，年均温和降水分布西北低、东南高的总格局影响下，冻土分布面积由北和西北向南和东南方向减少。高原冻土最发育的地区在昆仑山至唐古拉山南区间，本区除大河湖融区和构造地热融区外，多年冻土基本呈连续分布。往南到喜马拉雅山为岛状冻土区，仅藏南谷地出现季节冻土区。

中国高海拔多年冻土分布也表现出一定的纬向和经向的变化规律。冻土分布下界值随纬度降低而升高，二者呈直线相关。冻土分布下界值中国境内南北最大相差达3000米，除阿尔泰山和天山西部积雪很厚的地区外，下界处年均温由北而南逐渐降低。西部冻土下界比雪线低1000～1100米，其差值随纬度降低而减小。东部山地冻土下界比同纬度的西部高山一般低1150～1300米。

影响冻土分布的区域性因素很多。青藏高原沿活动断裂常形成融区（道），这些融区将连续冻土切割成片状分布。坡向和坡度的差别，往往使山地冻土具有明显的非对称性，如在西部高山高原，南北坡冻土下界相差 200～400 米。

温度与厚度　中国多年冻土属温度较高、厚度不大的多年冻土。东北地区多年冻土的年均温度（地温年变化层底部的温度）大多在 -1.5～0℃，最低 -4.2℃；纬度降低 1°，年均地温升高 0.5℃左右；地温年变化深度 12～16 米。冻土厚度亦随纬度降低而减小，最厚达百米，大多在 50 米以下。低洼处冻土比高处温度低、厚度大。这是东北冻土的典型特征，有别于一般随地势增高冻土温度降低和厚度增大的特点。在西部高山、高原冻土区，海拔每升高 100 米，冻土温度降低 0.6～1.0℃，厚度增加十几米至 30 米不等；地温的纬向变化与东北大致相同；年均温度最低 -5～-4℃，厚度达一二百米；地温年变化深度由 6～7 米至 17 米不等；南北坡年均地温差 2℃左右，冻土厚度差 50～80 米，细颗粒冻土层温度比粗颗粒土低，在高原上要差 1～3℃。

季节冻结与融化　按年均地温分类，中国多年冻土区的季节冻结和融化应属过渡、半过渡及长期稳定类型，对于东北区以前两者为主，对于西部冻土区以后两者为主。

季节融化层大多与多年冻土层相衔接，在多年冻土南界和下界附近及冻结层上水冻不透的地段会出现不衔接。最大季节融化深度在细颗粒土中为 0.5～2.5 米，东北和西部冻土区相差无几，但在基岩裸露的山坡和山顶，东北达 8～10 米，高原上只有 3～4 米。季节冻结层主要分布在融区内，最大冻结深度 2～8 米不等。季节冻结和融化层与冻结层上水之间有密切的、特殊的动力联系，是冻土区各种冻土现象的发育、工程建筑物冻害及北方许多农田春涝产生的直接原因。

地下冰　中国多年冻土层中地下冰分布广泛。其分布也呈现一定的地带性规律，随年均地温降低，土的含冰量和地下冰厚度有增加的趋势。但其地域分异规律却受地形、岩性和含水量等区域因素制约。在植被茂密、地表潮湿的缓阴坡（青藏公路沿线坡度小于 10°）和山间洼地，含水量很大的湖相沉积和坡积（包括泥流堆积）粉、黏粒为主的细颗粒土或泥炭层中，常发育有厚度几十厘米至 6～7 米的厚冰层，顶面大多平行地面，埋深与最大季节融化深度几乎一致（几十厘米至 1～2 米）。水平厚冰层主要发育在地温年变化层之内，往下迅速变薄。成因类型有分凝冰、胶结-分凝冰，前者发育在后生型冰土层中，后者形成于后生、共生兼有的复式冻土层中。在冻胀丘中发育有侵入冰和分凝冰。在砂卵砾石层及碎屑层中，地下冰多为胶结或胶结-分凝类型，常构成砾岩状构造冻土，间有层状、网状、包裹状构造冻土。在天山冰碛层中发育有厚达百米、含冰量很大且垂向分布均匀的共生冻土层。此外，天山的冰碛层里发现有埋藏冰，大兴安岭古石海中在苔藓层下即见块石间有地下冰。在基岩中地下冰常沿裂隙呈脉状分布，大兴安岭冰脉宽达 15～20 厘米，延伸至地下 50 余米。中国冻土区至今尚未发现如西伯利亚和北美所见到的大型冰楔和冰脉。

冻土现象　中国冻土现象种类繁多，有热融滑塌、热融沉陷、热融湖、融冻泥流、冻胀丘、冰锥、多边形土、石海和石河、石冰川等，以热融滑塌、暖季时发生的隆胀丘更具特色。

　　冻土现象的分布和组合具有一定的纬度地带性和垂直地带性规律，如以寒冻

漠北地区风光

风化为主要营力而产生的冻土现象石海、石河等，随海拔、纬度增高而发育；热融沉陷作用随海拔、纬度降低有所增强；冻胀丘、冰锥普遍发育在山麓、沟地和河谷地带。

多年冻土形成时代　中国多年冻土在晚更新世冰期时分布广泛，且规模较现代大。但对晚更新世以来的冻土存在不同意见。对于青藏高原，一种意见认为晚更新世冻土在全新世高温期消融殆尽，现代冻土形成于新冰川期（距今3000年）；另一意见认为在高温期仅上部有过消融，新冰川期时冻土又有新的增长。对于东北区冻土，目前认识较倾向于高温期时上部冻土局部有过消融，局部地方可能融透，小冰期时又有增长。新老冻土叠加的冻土层与单一新冻土层（距今3000年以来形成的）的界线，大致与现今大片连续冻土区南界相当。

第四章　中华文明的发祥地——黄土

[一、黄土]

　　第四纪（240 万年前）以来，干旱、半干旱气候条件下地表形成的松散的黄色沉积物。也有的研究提出黄土是中新世（2200 万年前）以来形成的。黄土是人们对黄色松散土的总称，早期的黄土术语与现代地质学中的黄土（loess）是有区别的，但它已包含现代地质学中有关黄土概念的重要内容。黄土的基本特点：颜色基调黄，色调有深浅差异，以灰黄、棕黄、褐黄为主；颗粒成分中以粉沙土（0.05 ～ 0.005 毫米）为主，占 50% ～ 65%，直径大于 0.25 毫米的颗粒基本上没有，颗粒分选性好，分布均匀；富含大量的碳酸钙和少量的钙结核，碳酸钙含量一般在 6% ～ 8% 以上。黄土还具有无层理性、肉眼可见的大孔隙、自然剖面柱状节理发育、能保持直立陡壁、遇水湿陷等特性。黄土地层记录了大量的第四纪的生物气候信息，是研究第四纪气候和古环境变化的信息库。

成因　北纬 30°～60° 和南纬 35°～40° 之间的陆地广泛分布着黄土。其成因学术界已经争论近 150 年，至今未完满解决。黄土成因研究开始于 19 世纪中叶，争论的焦点是黄土形成的营力，即什么力量促使黄土堆积。综合已有的成因说有 4 种假说：①以风营力为主的风成说。②以流水为营力的水成说，包括冲积说、洪积说、冰水说。③以寒冻机械风化营力为主体的残积说。④以多种营力交互的多成因说。中国学界关于黄土的成因也存在不同的认识，1949 年以前以风成说为主，1949 年以后主要有水成说及多成因说，并形成两大学派，即以刘东生为代表的风成说和以张宗祜为代表的多成因说。中国不同区域的黄土形成的营力不完全相同，即使同一区域黄土的成因也不都一样。如黄土高原尽管大部分地区的黄土是风成，但是河谷里堆积的黄土则是以水成为主的多种营力作用形成的堆积物。各地区黄土的成因尽管不完全相同，但都是在相似的气候环境条件下，经黄土化作用形成的。黄土的形成和发展过程可归纳为黄土物质的堆积、黄土特殊胶结构的形成、黄土结构调整和强度增加及黄土退化 4 个阶段。中国黄土学家刘东生

把经风力搬运沉积形成的松散物称黄土，而其他营力搬运沉积形成的松散物称为黄土状岩石或次生黄土。

分布　黄土覆盖着全球陆地表面11％左右的面积，集中分布于温带沙漠外缘的半干旱地区和南北半球中纬度地带的森林草原和荒漠草原地带，呈现东西向带状断续分布。在欧洲和北美，其北界大致与更新世大陆冰川南界相连，分布在美国、加拿大、德国、法国、比利时、荷兰、中欧和东欧各国、俄罗斯、白俄罗斯和乌克兰等地。在亚洲和南美洲与沙漠、戈壁相邻，主要分布在亚洲的中国、伊朗、中亚地区，南美的阿根廷。在北非和南半球的新西兰、澳大利亚有零星分布。

中国是世界上黄土分布最广、厚度最大的国家。其范围北起阴山山麓，东至松辽平原和大小兴安岭山前，西至天山、昆仑山山麓，南至秦岭。长江中下游也有零星分布。总面积约44（一说63）万平方千米。其中以黄河中游的黄土高原分布最为集中，连片分布的面积约27.3万平方千米，占中国黄土面积的62％（或43％），一般厚度30～200米，最厚达到439米（兰州），最新研究资料认为

黄土最大堆积厚度是 500 米（甘肃靖远）。

湿陷性　黄土在自重或外来垂直附加荷重作用下，经浸水后土体结构迅速破坏而产生突然下沉的性质。黄土经自重压力作用产生湿陷称自重湿陷，否则称非自重湿陷。引起黄土湿陷的原因是黄土以粉沙粒和有亲水性的矿物如碳酸钙为主，具有大孔隙结构，土体在干燥时可以承担一定荷重而变形不大，但经水浸湿后，土粒连接显著减弱，引起土体结构的破坏产生湿陷。湿陷往往突然发生，其量也较大，故黄土湿陷性常给基础处理不好的建筑物带来危害，如引起房屋的倾斜或坍塌、渠道毁坏、道路桥涵下沉等。湿陷性大小用湿陷系数表示，湿陷系数是指非湿陷土空隙与湿陷土空隙之比。湿陷系数 ≥ 0.015 为湿陷性黄土，<0.015 为非湿陷性黄土。也可用干密度（黄土饱和水分与常态水分之比）指标预测黄土的湿陷性。中国黄土高原的新黄土的湿陷系数大于老黄土；西部黄土的湿陷性大于东部，北部大于南部，具有湿陷性的黄土约占面积的 3/4。

地貌　黄土地貌有许多形态类型与石灰岩区喀斯特地貌有相似之处，故又称热喀斯特地貌。世界上尽管有 1/10 的陆地被黄土覆盖，但并不是有黄土堆积就有典型的黄土地貌发育，中国黄土分布区只有黄河中上游的黄土高原才发育典型的黄土地貌。黄土地貌的基本特点：沟壑众多、地面支离破碎。黄土高原素有"千沟万壑"之称，多数地区每平方千米内有 3～5 千米长的沟道；沟谷下切深度为 50～100 米，沟谷面积一般占流域面积的 30%～50%，有的地区达到 60% 以上，大小沟谷将地面切割得支离破碎。黄土地貌的侵蚀方式独特，有面状侵蚀、沟蚀、潜蚀、泥流、块体运动等。黄土的抗蚀力很低，因而黄土地貌的侵蚀过程十分迅速。黄土沟壑丘陵地面平均每年侵蚀深度 1～3 厘米，个别地方在某些年份达到 30～40 米/年。黄河每年输送到下游的泥沙有 90% 来自黄土高原。黄土高原多数地区的流域输沙模数大于 5000 吨/千米^2，个别地方达到 35000 吨/千米^2。崎岖起伏、现代侵蚀异常强烈，是典型黄土地貌的突出特点。依据地貌部位和形态特征，分为黄土沟间地貌、黄土沟谷地貌、黄土潜蚀地貌。

黄土沟间地貌又称黄土谷间地貌，包括黄土塬、梁、峁。黄土塬、梁、峁是典型的黄土地貌类型，是当地群众对桌状黄土高地、梁状和圆丘状黄土丘陵的俗称。

①黄土塬。顶面平坦宽阔，面积较大的黄土高地。又称黄土台地。特点是顶面中心部位平坦，向四周边缘倾斜，塬的周围为深切的沟谷，形成桌状台地。按照成因类型和形态特征，分为：ⓐ完整塬。塬面相对完整，面积大，从几十平方千米到数百平方千米不等，如陇东

甘肃董志塬

的董志塬、陕北的洛川塬、陇中的白草塬。ⓑ靠山塬。一面靠山，向河谷倾斜，被河流或后期的沟谷切割，如秦岭北坡中段和六盘山东麓的斜塬。ⓒ台塬。发育于断陷盆地，如关中的渭北高塬。ⓓ破碎塬。河流高阶地切割而成，如黄河龙门以下河段两侧的塬。黄土塬是黄土高原地区的主要农耕地，是黄土高原的粮仓。由于长期不合理的利用及沟谷沟头的溯源侵蚀，塬面处日益缩小，控制沟头前进是塬区水土流失治理的当务之急。

②黄土梁。为长条状延伸的黄土丘陵。顶面平坦的称平梁，又称塬梁，一般分布在黄土塬的边缘，是黄土塬经过长期强烈的沟谷侵蚀切割形成的。大部分地区的黄土梁顶面倾斜坡度3°～10°，向下坡面倾角越来越大。黄土梁受两侧坡面上沟谷长期溯源侵蚀，梁顶出现许多马鞍形凹地，长条梁顶波状起伏。黄土梁的成因除塬梁是在黄土塬的基础上侵蚀演变而成外，其他都是在基岩丘陵上发育起来的，外形梁脊长短、顶面起伏都受黄土堆积的下伏地形控制。如六盘山以西黄土梁的走向，反映了下伏古地形走向。

③黄土峁。指外形的顶部浑圆呈穹隆状或馒头状的黄土地形。又称黄土塔。峁顶的面积不大，以3°～10°向四周倾斜，并逐渐过渡为15°～25°的峁坡。以峁为主体的黄土地貌类型区称为黄土峁状丘陵区，主要分布在黄河支流无定河的

甘肃白银黄土峁

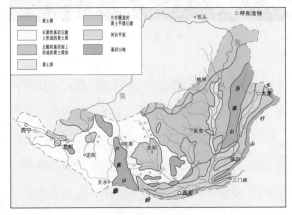

黄土高原黄土地貌类型

中下游，以绥德、米脂地区发育最为典型。黄土峁其实不是孤立的丘陵地形，相邻峁之间的基座是连接在一起的，它是在黄土梁的基础上经长期侵蚀切割演化形成的，同时与下伏的古地形也分不开。侵蚀越强的地区，峁状地形越明显。大部分地区黄土峁和黄土梁是分不开的，多称黄土梁峁地形。早期的黄土塬、梁、峁地貌发育过程研究认为，黄土梁由黄土塬演变而成，黄土峁由黄土梁演变而成。事实上黄土梁、黄土峁和黄土塬在发育过程中没有直接关系，而黄土峁与黄土梁发育过程中确有依附关系，也就是黄土峁是在黄土梁的基础上发育成长的。

黄土沟谷地貌按沟谷发育规模分有细沟、浅沟、悬沟、切沟、冲沟、坳沟和河沟7类。前4类是黄土地层中的现代侵蚀沟谷；后2类是古代侵蚀沟谷，都已发展为基岩沟谷；冲沟有现代侵蚀沟和古代侵蚀沟。

黄土潜蚀地貌是由地面径流沿着黄土裂隙和孔隙下渗产生侵蚀形成的地貌。这类独特的地貌包括黄土碟形洼地、黄土漏斗、落水洞、陷穴、盲沟、天生桥、土柱、黄土墙等，其中前5类一般发育在湿陷性黄土地层中，后3类发育在湿陷性小的黄土地层中。

地貌分布　黄土塬大多分布在黄土高原的南部；六盘山以西多为黄土长梁宽

谷丘陵，黄土高原中部的延安、志丹地区以黄土梁为主；陕北的绥德、米脂一带是黄土峁分布区；其他地区主要是梁峁丘陵。其他黄土地貌如不同规模的沟谷、黄土陷穴、黄土漏斗、黄土柱等在黄土高原各地都有不同程度的分布。

［二、黄土高原］

中国四大高原之一，世界上黄土覆盖面积最大的高原，中华民族古代文明的发祥地之一。位于中国北部北纬34°～40°，东经102°～114°，横跨青、甘、宁、内蒙古、陕、晋、豫7省区。东西长约900千米，南北宽400～500千米，面积约40万平方千米。高原由西北向东南倾斜，海拔多在1000～2000米。除许多石质山地外，大部分为厚层黄土覆盖。经流水长期强烈侵蚀，逐渐形成千沟万壑、地形支离破碎的特殊自然景观。黄土高原面积广阔，土层深厚，地貌复杂，水土流失严重。

地质与地貌 地处华北准地台的西部和祁连山地槽的东部。古地形的基本轮廓是在白垩纪燕山运动以后形成的。高原上主要山脉太行山、吕梁山和六盘山把高原分隔成三部分：①山西高原。吕梁山以东至太行山西麓，有许多褶皱断块山岭和断陷盆地，山岭多呈北北东走向，主峰海拔均超过2000米，山地下部多为黄土覆盖。主要河谷盆地有太原盆地、临汾盆地、运城盆地、榆社盆地、寿阳盆地等。②陕甘黄土高原。吕梁山和六盘山（陇山）之间黄土连续分布，厚度很大，其堆积顶面海拔一般在1000～1300米。地层出露完整，

黄土高原

地貌形态多样，是中国黄土自然地理最典型地区。③陇西高原。六盘山以西，高原海拔约2000米，黄土厚度逐渐增大，成为波状起伏的岭谷。

　　黄土高原最基本的地貌类型有：①沟间地貌。主要类型是塬、梁、峁。塬是黄土堆积受流水侵蚀残留的高原面，地表平坦，坡度1°～3°，如泾河上游的董志塬、洛河的洛川塬等。塬面被沟谷强烈侵蚀后称为破碎塬。在大的地堑断陷谷地里，断裂往往呈复式阶梯状。覆盖其上的黄土塬称为黄土台塬。黄土台塬通常保存较完整，如汾渭断陷谷地里的黄土台塬。梁在平面上呈长条形，顶部宽度不大，多数仅长几十米到数百米至数千米。梁的横剖面略呈穹状，坡度多在1°～5°，梁顶以下有明显的坡折。峁是孤立的黄土丘，平面上呈椭圆或圆形，峁坡多为凸形坡，坡度可达20°左右。黄土梁峁区又称黄土丘陵沟壑区。此外，尚有黄土主要分布在陕北白于山和甘肃省东部的河源地区。马兰黄土充填了古河沟长条凹地，尚未被现代沟谷切开，宽几百米至数千米，长达几千米至数十千米，呈树枝状格局组合。黄土受现代流水侵蚀沟的破坏，谷坡两侧仍保存着局部平坦地形，则称黄土坪。②沟谷地貌。黄土高原沟谷发育。沟谷地貌按其大小、形态特征和发育过程，可分为细沟、浅沟、切沟、冲沟和河沟等。细沟是坡面水流在片状侵蚀的基础上最先出现的一种沟形，横断面宽10～15厘米，深几厘米，沟形能被普通耕犁所消除。浅沟多出现在坡长较大的坡地上，随径流汇集成较大的股流，因冲刷能力增大而产生，横断面似宽三角形，深0.5～1米。坡面水流进一步汇集，流水侵蚀增大，当沟身切入黄土1～2米以上，开始形成明显

黄土高原土壤细沟侵蚀

沟头时，称为切沟。它具有明显的沟缘线，沟深10米以上，长几十米。故细沟、浅沟和切沟均是发育在坡面上的侵蚀沟。冲沟多由坡面侵蚀沟发展而成。③黄土潜蚀地貌。地表水沿着黄土中的裂隙下渗，机械侵蚀和化学溶蚀破坏黄土结构，形成洞穴，并引起地面沉陷，造成黄

《中国大百科全书》普及版◎ 如画江山——千姿百态的大地 ruhuajiangshan qianzibaitaidedadi

土特有的潜蚀地貌。常见者有黄土碟、陷穴、黄土桥和黄土柱等。黄土碟分布在平缓地面，形似碟状洼地，一般深2～3米，直径10～20米，深与直径之比约1：10。由于地表水下渗，溶解了黄土中可溶矿物，并把黏土微粒带到土层下部，破坏了土层结构，在重力作用下土层围绕中心缓慢下沉压实。陷穴是一种较深的圆形或椭圆形洼地。当地表水汇集到节理裂隙中，由潜蚀作用形成的洞穴称陷穴，按其形态可分为竖井状、漏斗状和串珠状。黄土桥是溶蚀和侵蚀形成的地下洞穴受重力作用发生崩塌，残留的洞顶形如拱桥。黄土柱是地表水沿着黄土垂直节理溶蚀和侵蚀，残留的柱状或塔状黄土土体，一般高数米或十余米。

气候与水文　黄土高原属暖温带半湿润至半干旱气候，主要特征是冬季寒冷干燥，夏季温暖湿润；雨量稀少，变率大；日光充足，日照时数多，热量条件较优越。高原从西北向东南，年平均气温8～14℃，全区日平均气温10℃以上，活动积温为2000～3000℃，无霜期120～200天。气温日较差平均在10～16℃。降水年际变化大，季节分配不均，东南多于西北。平均年降水量200～700毫米，其中65％以上集中于7～9月。

区域水系以黄河为骨干，源于黄土高原的河流约有200条，较大的有洮河、祖厉河、清水河、黄甫川、窟野河、无定河、北洛河、渭河、沁河、汾河等，河川径流不丰（不包括黄河干流），年径流总量185亿立方米。大多数河流汛期受暴雨影响，洪峰急涨猛落，汛期水量占全年水量的70％以上。含沙量很高，往往一次洪水含沙量占全年70％～80％以上。高原浅层地下水补给主要来源于大气降水。大部分地区地下水贫乏，埋藏很深，多在50～60米以下，有的100～200米。

土壤与植被　高原土层富含碳酸钙和磷、钾、硼、锰等元素，土壤反应多偏碱性，腐殖质和氮素养分贫乏。主要土类有褐色土、灰褐土、栗钙土、灰钙土和漠钙土。水土流失严重，熟化土壤不断流失，生土裸露，肥力瘠薄。

因长期滥垦滥伐、土地利用不合理，自然植被残留较少、分布零散。森林覆盖率仅5％。植被由东南向西北为森林草原、干草原和荒漠草原。森林主要分布于吕梁山、子午岭、黄龙山、六盘山等地，为落叶阔叶林及少量针阔混交林。沟谷和荒坡上，草本植物多旱生种类，如白草、委陵菜、狼尾草、碱草、甘草、酸

沙打旺

枣、荆条、沙柳、柠条、沙草、沙蒿、苜蓿、沙打旺、草木犀等。高原农业垦殖条件最好的地区，如关中平原、晋中盆地、晋南盆地等，是中国著名的小麦和棉花产地。陕北、甘肃和晋西北条件差，一般仅能种植耐干寒的莜麦、荞麦、糜子、胡麻、薯类等。

水土流失及其治理 黄土高原严重水土流失面积约 27 万平方千米。高原大部分侵蚀模数在 4000 吨 / 千米^2，窟野河神木至温家川区间 3.57 万吨 / 千米^2。水土流失冲走耕地的熟化土层，降低土壤蓄水保墒能力，导致作物生长不良，产量低而不稳。大量泥沙下泄，造成渠道、水库淤积和河流淤塞，增大了流域开发治理的难度。

中华人民共和国建立后，对黄土高原开展了群众性的水土保持工作，设立了水土保持科学试验站，总结历代劳动人民水土保持的经验，根据土壤侵蚀特点和沟道的输沙特性，创造出许多有效的办法。具体治理措施因地区差异而不同，但水土保持的方针是：工程措施与生物措施相结合，以生物措施为主；以小流域为单元，综合治理、集中治理、连续治理。

第五章 大美丹霞——红层

[一、中国的红层]

中国中生代到新生代初期主要在热带或亚热带干旱环境下沉积的陆相红色砂岩、砾岩和页岩所组成的红色地层。主要堆积于中生代燕山期造山运动所形成的断陷盆地中，故其分布区常被称为红层盆地（或红盆地）。现今之红层盆地内部以红层丘陵为主要地貌类型，平原只占少数，即仅见于沿河流两岸。

红层盆地的分布地区　广布于中国各地，尤以东南半壁为多。中国红层分布最广的是四川盆地，面积达 26 万多平方千米。在北东和北西两组主要构造线控制下，周围为高原山地，盆地内为红层丘陵，在侏罗纪已开始形成。武陵山与武夷山之间的江南地区有许多长条形为主的中型红层盆地，堆积的红层大部分为白垩系或上白垩统—下第三系。此外，还有众多的小型红层盆地散布在秦岭、大巴山以南直至粤东北、赣东南和闽西南地区。堆积的红层，部分为下白垩统或上白

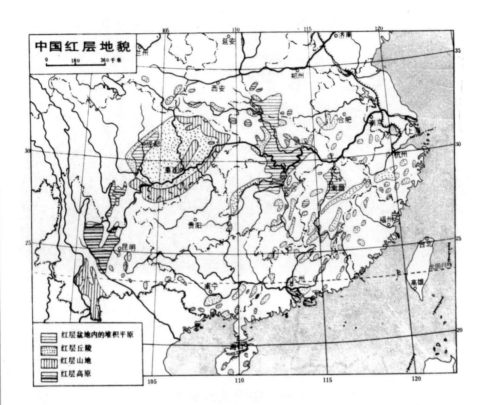

中国红层地貌

0 180 360千米

红层盆地内的堆积平原
红层丘陵
红层山地
红层高原

垩统,部分为早第三系。总之,中国红层盆地由西往东面积逐渐减少,年代亦渐新。从晚侏罗世,特别是从白垩纪到早第三纪是红层堆积的主要时期,它们的堆积空间都是在不同时期燕山构造变动造成的,大型盆地以拗陷为主,中、小型盆地以断陷为主,地质构造方向严格控制了红层分布的格局。红层沉积厚度各地差别很大。厚者达数千米,一般也在 1000 米以上,而且岩相也有较大差异,这反映了古地理环境的复杂性。

红层丘陵形态 盆地式的红层地貌,由盆地外围到盆地中央,通常可分 4 个带:①外围山地带,多为其他岩石所构成的山地,环绕盆地的四周或位于盆地两侧。山地与红层丘陵之间往往有断层分隔。在断层隐而不现的地方,山地夷平面与红层夷平面互相连接,形成和缓的斜面。②边缘红层高丘陵带,一般岩层倾角较大,成为单斜地形。红层丘陵受来自山地河流的切割,相对高度虽大,但分离程度较差。③红层低丘陵带,是红层地貌的主体部分,岩性多属砂岩和页岩,由于岩层倾角不大，岩性又软弱，丘陵起伏和缓，相对高度较小，谷地较开阔，在夹有厚层砂岩的地方，形成方山式丘陵。④丹霞地貌和阶地、平原带，位于盆地中心区，向心河系在这里集中，嵌入河谷两侧常有砂砾岩、砾岩出露，形成丹霞地貌。河谷较宽，阶地、平原亦较宽广。红层丘陵的各种形态主要取决于岩性的软硬及岩层倾角的大小。显然，上述 4 个地貌分带并不是每个盆地都具备。

［二、丹霞地貌］

巨厚红色砂、砾岩层中沿垂直节理发育的各种丹崖奇峰的总称。主要发育于侏罗纪至第三纪的水平或缓倾的红色地层中，以中国广东省北部丹霞山为典型，故名。

发育过程 丹霞地貌发育始于第三纪晚期的喜马拉雅运动。这次运动使部分红层发生倾斜和舒缓褶曲，并使红色盆地抬升，形成外流区。流水向盆地中部低洼处集中，沿岩层垂直节理进行侵蚀，形成两壁直立的深沟，称巷谷。巷谷崖麓

青海柴达木盆地的丹霞地貌

的崩积物在流水不能全部搬走时，形成崩积锥。随着崩积锥不断增长，下部形成缓坡。崖面的崩塌后退还使山顶面范围逐渐缩小，形成堡状残峰、石墙或石柱等地貌。残峰、石墙和石柱进一步侵蚀消失，形成缓丘。在红色砂砾岩层中有不少石灰岩砾石和碳酸钙胶结物，碳酸钙被水溶解后常形成一些溶沟、石芽和溶洞，或者形成薄层的钙华沉积，甚至发育有石钟乳。沿节理交汇处还发育漏斗。

　　主要地貌形态　河流深切的岩层，可形成顶部平齐、四壁陡峭的方山，或被切割成各种各样的奇峰，有直立的、堡垒状的、宝塔状的等。在岩层倾角较大的地区，则侵蚀形成起伏如龙的单斜山脊；多个单斜山脊相邻，称为单斜峰群。岩层沿垂直节理发生大面积崩塌，则形成高大、壮观的陡崖坡；陡崖坡沿某组主要

节理的走向发育，形成高大的石墙；石墙的蚀穿形成石窗；石窗进一步扩大，变成石桥。各岩块之间常形成狭陡的巷谷，其岩壁因红色而名为赤壁，壁上常发育有沿层面的岩洞。

分布和意义 中国广东丹霞山、金鸡岭、南雄苍石寨、平远南台石和五指石，江西鹰溪、弋阳、上饶、瑞金、宁都，福建武夷山、连城、泰宁、永安，浙江永康、新昌，广西桂平白石山、容县都峤山，四川江油窦圌山、都江堰青城山，陕西凤县赤龙山，以及河北承德等地，都有典型的丹霞地貌。甘肃省张掖丹霞地貌分布面积300多平方千米，是中国丹霞地貌发育最大的地区之一。

丹霞地貌区常是奇峰林立、景色瑰丽，旅游资源丰富，如丹霞山、金鸡岭、武夷山等早已成为著名风景区。而且，沿垂直节理崩塌的陡崖使巨厚的红色砂、砾岩层暴露无遗，对研究、恢复红色盆地的古地理环境具有重要意义。

中国甘肃张掖地区的丹霞地貌

[三、丹霞山]

中国广东省四大名山之一。与罗浮山、西樵山、鼎湖山齐名。位于仁化县南8千米，主峰宝珠峰，海拔408.7米，相对高度333米。

由水平状厚层红色砂、砾岩构成。丹霞地貌的代表。因岩层呈块状结构和多易透水的垂直节理，经流水向下侵蚀和重力崩塌作用，形成陡峭的方山群状起伏的崎岖地形。2004年被联合国教科文组织评为世界地质公园。丹霞山"色渥如丹，灿若明霞"，风景优美，到处可见赤紫色的悬崖峭壁、岩洞、峰林、石柱等自然奇观，并有多处游览胜景。山下浈水依山而过，水清见底，河中多五彩斑斓的锦石。近山顶的缓坡保存有大面积较原始的次生林。主峰四周有玉女拦江、蜡烛峰、望夫石、阳元石等奇观。丹霞山已辟为旅游风景区。

丹霞山

《中国大百科全书》普及版 ◎ 如画江山——千姿百态的大地　ruhuajiangshan qianzibaitaidedadi

第六章 鬼斧神工——喀斯特

[一、喀斯特]

　　天然水对可溶岩（碳酸盐岩、硫酸盐岩、卤化物岩等）的化学溶蚀、迁移与再沉积作用的过程及其产生现象之总称。中国又称岩溶。"喀斯特"一词取自欧洲巴尔干半岛西北部石灰岩高原的地名 Kras，意为贫瘠多石之地。该词 1840 年始见于文献。

　　研究简史　1795 年霍通论述了碳酸在石灰岩溶蚀中的作用。J. 茨维伊奇发表《喀斯特现象》（1893）和《喀斯特地下水文与地形演化》（1918）等论著，奠定了现代喀斯特的科学基础。中国有文字记述喀斯特的，可追溯到先秦时期的《山海经》。明朝徐霞客 1637～1638 年考察西南喀斯特区，探洞 270 多个，在《徐霞客游记》中论述喀斯特地貌与洞穴沉积的成因、类型和区域分异，比欧洲早期阶段著作 J. 加法尔的《地下世界》（1654）等还早。

　　发生机理　天然水从空气获得 CO_2，结合成的碳酸水与碳酸盐岩发生化学反

应，形成随水运动的钙、镁离子和重碳酸根离子，岩石被溶蚀迁移，如

$$CaCO_3+CO_2+H_2O \rightleftharpoons Ca^{2+}+2HCO_3^-$$

该过程是可逆的化学反应，当从空气溶入水中的CO_2增加时便发生溶蚀作用；反之，当水中逸出CO_2使水中$CaCO_3$处于过饱和，则析出碳酸钙沉积。除碳酸外，其他酸也有类似的作用。

作用与发育　这种溶蚀与沉积的化学过程，附加水力与重力侵蚀-搬运-堆积过程，统称喀斯特作用。喀斯特发育于喀斯特作用区，其强弱受气候、岩性、构造及生物等因素的控制。除源于地壳深部的水外，参与喀斯特作用的CO_2很大部分来自生物成因，而生物的碳代谢使土壤空气比正常大气CO_2浓度高数倍，乃至百余倍以上。因此，喀斯特发育与分布具有地带性，如中国南方热带喀斯特以峰林和洼地为代表，北方温带喀斯特以干谷和大泉为特征。此外，随着古环境的变化，喀斯特发育还具多期性或多代性。

类型与亲缘　除地带性分类和按发育强弱分类外，还可根据其存在状态分为：直接出露地表的裸露喀斯特；在松散沉积物下的覆盖喀斯特；上覆有非可溶岩层的埋藏喀斯特；一些与现代水文-气候系统相分离、居于碎屑岩覆盖层下的，称古喀斯特；另一些寓于现代系统中、离开发育时的环境与状态的，称残遗喀斯特；石膏、硬石膏和盐岩区所发育的硫酸盐岩或盐岩喀斯特，统称类喀斯特；钙质碎屑岩和黄土区发育假喀斯特；冰川与冻土区，因热力作用融化成热喀斯特。此外，还有来自地壳深部的热水喀斯特。

特征与意义　降水沿土壤孔隙和可溶岩裂隙下渗成为地下潜流，生成洞穴和地下河系统；罹致地面塌陷，星罗棋布落水洞、漏斗及其他洼地和溶蚀裂隙，地面宛如漏勺，坎坷嶙

云南红河阿庐古洞岩溶景观

峋，多陡壁的石山；成土慢，土地干瘠多石，生态脆弱，易石质荒漠化，旱涝灾害频繁；工程建设常遇渗漏、地基不稳和突水等危害。喀斯特区也蕴藏着丰富的地下水、矿产和旅游等资源。全球约25%的人口，部分或全部地靠喀斯特水供水。

1.喀斯特洞穴

可溶性岩石内因喀斯特作用所形成的地下空间。又称溶洞、洞穴。国际洞穴学联合会曾定义洞穴为岩石中人足以进入的天然地下空洞。1989年D.C.福特等从成因上把洞穴定义为直径或宽度大于产生紊流的有效最小孔径5～15毫米的溶蚀空洞。

研究简况　中国早在《山海经》和《神农本草经》中就有关于洞穴及洞穴沉积物的记载。南宋范成大在《桂海虞衡志》(1175)中记载了洞穴，并探讨了成因。明末徐霞客亲身探查了数以百计的洞穴，为洞穴科学研究的先驱。欧洲在3世纪前开始洞穴探险。1748年组织第1次洞穴科学考察。1930年美国W.M.戴维斯发表现代科学观的"石灰岩洞穴成因理论"。1936年英国洞穴学协会成立，标志洞穴学正式形成。1949年成立世界常设洞穴委员会。1953年在巴黎举行第1届国际洞穴学会议。1965年在卢布尔雅那举行第4届会议，并成立国际洞穴学联合会。1993年在北京召开第11届国际洞穴学会议，当时有会员国53个。2005年在希腊召开第14届会议。

分布　从终年积雪的高纬与高山地区到低纬与海面以下地区的可溶岩内均有分布。世界有调查档案的洞穴约15万个以上，长度超过50千米的35个，深度超过1000米的62个。其中最长的美国肯塔基猛犸洞系，总长达563.5千米；最深的格鲁吉亚的克鲁贝拉洞，深1710米。中国最长的湖北利川腾龙洞已探测部分的长度为34千米；最大面积的洞厅是黔南格必河洞系苗厅(116000平方千米)，仅次于世界上最大的马来西亚穆鲁洞沙捞越厅(162700平方千米)。

成因和类型　洞穴由水沿可溶岩层裂隙溶蚀而成，按水流性质类型分3类：①渗流带（包气带）洞穴，地面以下至地下水面以上的洞穴。降水通过裂隙下渗溶蚀扩大裂隙的空间形成，包括落水洞和竖井等。②饱水带洞穴，位于地下水面以下。上部形成浅饱水带（地下水面）洞穴，多形成较大水平洞；下部形成深饱水带洞穴。③承压水带洞穴，具很大压力的地下水形成的洞穴，深度可达可溶性岩层底面。按形态类型分水平洞穴和垂直洞穴。

　　洞穴堆积　有化学堆积、碎屑堆积、有机堆积、洞冰堆积等。堆积过程自然记录了发生的年代及当时环境信息，常含古生物和古人类残骸与遗迹。其中化学堆积千姿百态，不仅是科学研究的对象，而且是旅游资源。已知洞穴化学沉积形态有61类和亚类，另外还有种和变种。主要有以下几类：①石钟乳。洞顶向下生长的一种碳酸钙沉积物。渗流水流入洞顶后因温度、压力的变化，二氧化碳逸去，水中碳酸钙过饱和沉淀形成。典型者有输水中央管道，以其为轴排列成垂直的镶嵌晶体层，形成同心圆状结构，如钟乳泌汁而得名。一种管状石钟乳称麦秆石，又称鹅管石，是石钟乳的初始生长模式。②石幔。渗流水中碳酸钙沿洞壁或倾斜的洞顶向下沉淀成层状堆积。因形如布幔而得名。又称石帘、石帷幕。它是由流石和滴石合成的。③石盾。渗流水沿一裂缝以一定角度渗出，并在两侧沉淀伸展成一对平行的盾状沉积物。盾体的直径从10多厘米至5米，厚度一般为2～10

贵州织金洞树干状石笋

厘米。新、老复合石盾代表生长的不同周期。④石笋。由洞穴底部向上生长的碳酸钙沉积物。因形如笋而得名。洞顶下滴的渗流水在洞底发生溅击中，二氧化碳逸去和水蒸发，碳酸钙和非碳酸盐沉淀，形成向上和向侧成层生长的钝顶的无中心管道的石笋，其微层可断年和提取高分辨率古环境信息。石钟乳和石笋彼此连接的柱状堆积，称为石柱。⑤石珊瑚。下滴水溅出的水珠黏附在洞壁或其他表面后，水珠中的碳酸钙析出成珊瑚状沉积。⑥卷曲石。向任何方向螺旋状或扭曲的洞穴化学沉积。常侧向自由生长，无视重力。它生长于湿润的封闭环境中。这种条件若被破坏，它就会停止生长。可分为地上与水下两亚类，以及丝状、串珠状、蠕虫状和鹿角枝状等4种。⑦石珍珠。在洞穴浅水坑中形成的碳酸钙同心圆结核。又称穴珠。因多为珍珠状而得名，但也有柱形、正方形和多边形等。一般由晶体围绕中心核，以辐射层成层生长。沙砾、动植物遗骸、洞穴沉积物和漂浮物等碎块，均可成为生长核。其圆形是因坑中相同的过饱和水，造成成层生长速度均等，且球形正是最小表面积容纳最大物质量的结果，并非滚动磨圆。⑧边石。薄层地下水沿不平坦洞底流动时扰动水流，促使二氧化碳散逸，加上表面张力引起方解石

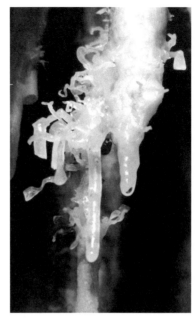

贵州织金洞卷曲石

结晶，碳酸钙沉淀形成，且常成边石坝，拦水成塘。

洞穴矿物 洞穴环境下，由基岩或碎屑中原生矿物经转化的次生矿物组成洞穴化学沉积物。至1997年，经国际新矿物委员会审定的正式洞穴矿物达255种。常见的有方解石和文石，尤其前者最普遍。两者为多形晶，具有相同的化学成分$CaCO_3$，但原子结构不同。方解石属三方晶系，形态呈菱形六面体或犬牙状；文石属斜方晶系，是针状晶体。在正常的洞穴温度和压力下，文石比方解石更易溶，属亚稳态，故总在方解石之后才从溶液中沉淀，不久后内部又转为方解石的晶体结构，仅外表保持针状。文石在高海拔与高纬地区洞温接近0℃的条件下，更易形成；而方解石在温暖区尤其热带洞穴中更占优势。

洞穴生物 有洞穴植物、动物、微生物和古生物化石。洞内随光强减弱，洞穴植物种类迅速减少，器官和组织结构也发生变化，主要有羊齿植物、苔藓和地衣。洞穴动物包括：①真洞穴动物，只生存于洞内黑暗世界中，通常体内缺色素，无眼或仅小眼，但触角大，含较多味蕾，感觉灵敏，具有低耗能的新陈代谢，如洞穴鱼、洞螈、洞穴蜘蛛、尺蛾和膜足硬肢马陆。②喜洞穴动物，在洞穴内完成

生命循环，能在洞外黑暗潮湿环境中生活的动物，如蚯蚓、某些蝾螈。③寄居性洞穴动物，临时寄居于洞内的动物，如蝙蝠。洞穴化石主要是古动物和古人类化石，世界古人类化石地点大多数是在洞穴内，中国已发现的猿人遗址有80％在洞穴中，如北京猿人。

洞穴温度　洞穴深处的气温稳定，与当地年平均气温相近。洞穴温度还因洞穴形态和洞口数目而异：由洞口向下倾斜的单洞口洞穴，冬季时冷空气下沉洞底，夏季洞外热而轻的暖空气难以进入洞内，成为冷洞；甚至在温带山地可形成终年积冰的冰洞，如山西吕梁山宁武冰洞（约北纬39°，海拔2200米）、斯洛文尼亚普列德梅亚冰洞（约北纬46°）；由洞口向上倾斜升起的单洞口洞穴，暖空气保留在洞穴的上部，成为暖洞。自然界洞穴仍常与洞外热交换。有的在夏季从洞内吹出凉风；有的在冬季向洞外喷热气；有的周期性吸进和吹出，形成呼吸洞。

研究意义　是研究人类起源和文化艺术产生、发展的场所，具有古环境与生物多样性的科研价值。地下世界是重要的旅游资源；因空气洁净、空气的电离很弱等，欧洲不少国家建立了"洞穴治疗"，主要治疗支气管哮喘、风湿痛和高血压等。洞穴内储有锡、铝土矿、压电石英、冰洲石、芒硝和鸟粪等矿产资源，汞、钽、铌、铀、镭等稀有元素。石油、天然气的富集也与洞穴有关。

2. 喀斯特峰林

高耸林立的石灰岩山峰。分散或成群出现在平地上，远望如林而名之。是热带喀斯特地貌形态，以中国南方最为发育。明朝徐霞客写有"东北尽于道州，磅礴数千里"，记述世界分布面积最大的喀斯特峰林，并准确地把北界定于现今湘南道县。峰林有广义和狭义之分。在徐霞客的"石峰"与"峰森"基础上，1954 年中国陈述彭首先将华南的喀斯特正地形定名为峰林，即广义的峰林。1957 年曾昭璇将其中的联座峰林命名为峰丛，那些基座不相连的石峰，即为狭义的峰林。德国 O. 列赫曼等考察中国西南和越南北部后，称这种峰林地形为锥状喀斯特（相当于峰丛）与塔状喀斯特（相当于狭义的峰林）。

形态 狭义的峰林相对高度一般为 100 ～ 200 米，直径远小于高度，坡度较陡，大多在 60° 以上，以塔状或堡垒状耸立在平原上，表面发育石芽和溶沟。峰丛是一种复合地貌，上部是耸立的峰林，下部为彼此相连的基座，组成二元结构的山地；峰与峰之间常形成 U 形垭口；峰丛的坡度较缓，一般为 30° ～ 60°，相对高度可达 300 ～ 600 米。

成因和分布 喀斯特峰林形成于高温、高湿的气候条件下，分布于年平均气

桂林阳朔喀斯特峰林

温20℃和年降雨量1500毫米以上的地区。高温潮湿、植被茂盛、微生物繁衍迅速、土壤中CO_2的分压力较高和强烈的溶蚀作用,是热带喀斯特峰林形成的重要条件。狭义的峰林发育于地壳轻微升降或宁静区,喀斯特水水平循环强烈、泛滥形成的边缘平原。由于洪水的旁蚀及沼泽化酸性水溶蚀作用,其基部发育脚洞,崖壁不断崩塌后退,使峰林坡陡。分布在中国南部、越南北部、泰国南部攀牙湾、马来西亚、菲律宾巴拉望、印度尼西亚爪哇与苏门答腊、牙买加、古巴文纳莱斯谷地等地势较平坦区,以中国桂林等地最为典型。峰丛发育于地壳上升较强,且溯源侵蚀到达的地下水面下降的喀斯特水垂直循环强烈的地区。垂直循环有利于喀斯特洼地的形成和发展,因而峰丛总与洼地伴生。峰丛分布在中国南部、老挝、越南、爪哇、牙买加等地地势较高的切割山区,以中国广西西部、贵州最为壮观。

3. 喀斯特高原

迪纳拉山脉中石灰岩高原。由意大利边境向东南延伸直至克瓦内尔湾,长度约80千米,海拔900米左右。受地表水和地下水的侵蚀,岩层发生了以化学溶解为主的地质作用,形成了典型石芽、石林、落水洞、盲谷、暗河、溶洞等岩溶地貌,著名的波斯托伊纳溶洞即位于此。19世纪末塞尔维亚地理学家J.茨维伊奇首先对该地区石灰岩发育的地貌进行研究,并命名为喀斯特,以后被国际通用于岩溶地貌。

4. 喀斯特水

赋存于可溶性岩层中的裂隙与洞穴中的地下水。又称岩溶水。在可溶性岩层(以石灰岩为代表的碳酸盐岩)中,由于岩溶发育不均匀,岩溶水在空间、时间上的分布也不均匀。相邻地段,岩溶富水程度可以相差很大。它既可以有相互联系的统一水面,又存在径流相对集中的暗河通道。在可溶性岩层裸露地区,如中国西南地区,降水入渗补给可通过漏斗或落水洞灌入地下,也可通过微小裂隙缓慢渗入地下。在岩溶地区,几百或上千平方千米范围内的岩溶水可通过一个泉或泉群集中排泄。雨季有的岩溶泉流量会突然增大,雨后又迅速变小。

趵突泉

在补给区地表常缺水，而岩溶水却埋藏很深。在可溶性岩层与非可溶性岩层相互成层的地区，层状岩溶水承压。由于流动快、循环交替迅速，岩溶水大多为矿化度小于 1 克 / 升的重碳酸钙镁型的淡水。中国北方多分布覆盖型碳酸盐岩，一般岩溶发育较弱而均匀，岩溶水由大泉或泉群排泄，其流量动态相当稳定。

岩溶含水系统大多水量丰富，水质良好，可作为大中型供水水源，如济南、太原等城市。但大量抽取岩溶水时，易造成地面塌陷，还可能使矿坑突然涌水造成灾害。

5. 喀斯特洼地

碳酸盐岩地区由于溶蚀作用所形成负地形的总称。又称溶蚀洼地。包括小至漏斗，大至喀斯特盆地等一类喀斯特地貌。

成因 喀斯特洼地由喀斯特水（指喀斯特地区流水，包括地表水和地下水）

垂直循环作用加强溶蚀形成，也可由地下洞穴塌陷形成。大洼地底部平坦，有较厚的沉积物；小洼地底部平地很小，沉积物很薄甚至缺乏。洼地的规模主要受集水面积的控制。一般在地下水系的上游，因其控制的流域面积小，洼地水量小，规模亦小；在水系的下游，流域面积愈大，洼地的水量大，规模也愈大。洼地规模也与喀斯特水的排泄方式和水平循环的强度有关。喀斯特水的排泄有地下排泄和地表排泄。这两种方式经常转化，在枯水期以地下排泄形式为主；在洪水期地下水大量涌向地表，两种排泄方式并存；到洪水期后期，以地表排泄为主。在流域的不同区域亦有显著的差异：在流域上游，地表水迅速转化为地下水，表现为强烈的垂直循环，这种方式作用下洼地面积较小；在流域下游，两种排泄方式并存，地表流水时间较长、水量大，水平循环作用的强度加强，洼地面积较大。洼地规模还与地壳运动有关：当地壳运动趋于稳定时，洼地趋向扩大；而地壳上升运动强烈时，则在大洼地中形成叠置的小洼地，洼地向纵深方向发展。

类型 包括漏斗、圆洼地、合成洼地、槽谷、盆地、湖、热带星状洼地等。①喀斯特漏斗，是喀斯特区地表呈漏斗形或碟状或圆筒形的封闭洼地，又称溶斗、斗淋、盘坑等。直径一般在 100 米以内，面积为几十平方米到几百平方米，底部常被薄层溶蚀残余物质充填，有时有落水洞通往地下，起消水作用。它是洼地的初始形态，广泛分布于各种洼地的底部和河流阶地上。②喀斯特圆洼地，是四周为喀斯特丘陵封闭的洼地，直径由数百米至数千米。它与喀斯特漏斗不易区别，二者亦往往统称斗淋。一般说在形态上，圆洼地的底部较平坦，有很薄的土层，可以耕种。圆洼地可以由漏斗扩大而成。③喀斯特合成洼地，是由多个圆洼地合并而成、呈长条状的洼地，常沿构造带发育，底部形状不规则。④喀斯特槽谷，是由合成洼地进一步发育而成的槽状谷地，又称喀斯特谷地。其发育主要受地质构造的控制，长几十至一百余千米，面积达几十到几百平方千米。谷坡急陡，谷底平坦可以耕作。⑤喀斯特盆地，为喀斯特区宽广平坦的盆地或谷地。它的形成与构造作用有关，长宽数千米至几十千米。盆地内有新近纪至第四纪的堆积物，以及喀斯特孤峰、残丘，底部或边缘常有泉水和暗河出没。喀斯特盆地不断扩大，形成近乎水平、面积达数百平方千米的平原，平

绝无仅有的喀斯特森林——茂兰自然保护区

原上散布着孤峰、残丘。⑥坡立谷，来自塞尔维亚语，原指可耕种的土地，并无喀斯特方面的含义，后作为喀斯特术语使用，已国际通用。但其含义仍有不同意见，有人认为它相当于喀斯特槽谷，有人主张它是喀斯特盆地的同义词。⑦喀斯特湖，是由喀斯特作用形成的湖泊。它的形成有两种情况：ⓐ由漏斗或落水洞的淤塞聚水而成，其水量变化大。ⓑ由喀斯特低洼地直接与地下含水层相联系形成，这种湖终年有水，水量平稳，地下含水层接近地面。小型坛状或井状的喀斯特湖称为溶潭，其直径都在百米以内，潭水常与地下河有关，水深可以很大。洞穴中的喀斯特湖称为喀斯特地下湖，往往与地下河连通，或由地下河局部扩大而成，起着储存和调节地下水的作用。⑧热带星状洼地，由热带丰沛降水的集中径流在向心流线上强溶蚀侵蚀而成，与温带的圆形洼地有区别，属热带喀斯特。洼地底部堆积许多流水搬运来的土和碎石，在密集洼地群的各洼地周边形成蚀余的锥丘，组成麻窝状喀斯特。在形态分析上，又称多边形喀斯特。

[二、中国的喀斯特]

喀斯特是碳酸盐岩石分布地区特有的地貌现象。中国是世界上对喀斯特地貌现象记述和研究最早的国家，早在晋代即有记载，尤以明徐霞客（1586～1641）所著的《徐霞客游记》记述最为详尽。

中国喀斯特地貌分布广泛，类型之多，为世界罕见。在中国，作为喀斯特地貌发育的物质基础——碳酸盐岩石（如石灰石、白云岩、石膏和岩盐等）分布很广。据不完全统计，总面积达 200 万平方千米，其中裸露的碳酸盐岩石面积约 130 万平方千米，约占全国总面积的 1/7；埋藏的碳酸盐岩石面积约 70 万平方千米。碳酸盐岩石在全国各省区均有分布，但以桂、黔和滇东部地区分布最广。湘西、鄂西、川东、鲁、晋等地，碳酸盐岩石分布的面积也较广。

中国现代喀斯特是在燕山运动以后准平原的基础上发展起来的。老第三纪时，华南为热带气候，峰林开始发育；华北则为亚热带气候，至今在晋中山地和太行山南段的一些分水岭地区还遗留有缓丘-洼地地貌。但当时长江南北却为荒漠地带，是喀斯特发育很弱的地区。新第三纪时，中国季风气候形成，奠定了现今喀斯特地带性的基础，华南保持了湿热气候，华中变得湿润，喀斯特发育转向强烈。

四川省宜宾地区喀斯特地貌

尤其是第四纪以来，地壳迅速上升，喀斯特地貌随之迅速发育，类型复杂多样。随冰期与间冰期的交替，气候带频繁变动，但在交替变动中气候带有逐步南移的特点，华南热带峰林的北界达南岭、苗岭一线，在湖南道县为北纬 25°40′，在贵州为北纬 26° 左右。这一界线较现今热带界线偏北约 3～4 个纬度，可见峰林的北界不是在现代气候条件下形成的。中国东部气温和雨量虽是向北渐变，但喀斯特的地带性差异却非常明显。这是因为受冰期与间冰期气候的影响：间冰期时气温和雨量都较高，有利于喀斯特发育；而冰期时寒冷少雨，强烈地抑制了喀斯特的发育。但越往热带，冰期与间冰期气候的影响越小，在热带峰林区域，保持了峰林继续发育的条件；而从华中向东北则影响越来越大，喀斯特作用的强度向北迅速降低，使类型发生明显的变化。广大的西北地区，从第三纪以来均处于干燥气候条件下，是喀斯特几乎不发育的地区。

中国喀斯特的地带性特征　中国东部喀斯特地貌呈纬度地带性分布，自南而北为热带喀斯特、亚热带喀斯特和温带喀斯特。中国西部由于受水分的限制或地形的影响，属干旱地区喀斯特（西北地区）和寒冻高原喀斯特（青藏高原）。

①热带喀斯特。以峰林-洼地为代表，分布于桂、粤西、滇东和黔南等地。地下洞穴众多，以溶蚀性拱形洞穴为主。地下河的支流较多，流域面积大，故称地下水系，平均流域面积为 160 平方千米，最大的地苏地下河流域面积达 1000平方千米。地表发育了众多洼地，峰丛区域平均每平方千米达 2.5 个，洼地间距为 100～300 米，正地形被分割破碎，呈现峰林-洼地地貌。峰林的坡度很陡，一般大于 45°。峰林又可分为孤峰、疏峰和峰丛等类型，奇峰异洞是热带喀斯特的典型特征。

中国热带海洋的珊瑚礁是最年轻的碳酸盐岩，大多形成于晚更新世和全新世。珊瑚礁高出海面仅几米至 10 余米，发育了大的洞穴和天生桥、滨岸溶蚀崖及溶沟、石芽等，构成礁岛的珊瑚礁多溶孔景观。

②亚热带喀斯特。以缓丘-洼地（谷地）为代表，分布于秦岭—淮河一线以南。地下河较热带多而短小，平均流域面积小于 60 平方千米。洼地较少，每平方千米仅为 1 个左右，且从南向北减少；相反，干谷的比例却迅速增加。正地形不很典型，主要为馒头状丘陵，其坡度一般为 25° 左右，洞穴数量较热带大为减少，以溶蚀裂隙性洞穴居多，溶蚀型拱状洞穴在亚热带喀斯特的南部较多。

③温带喀斯特。以喀斯特化山地干谷为代表。地下洞穴虽有发育，一般都为裂隙性洞穴，其规模较小。喀斯特泉较为突出，一般都有较大的汇水面积和较大的流量，如趵突泉和娘子关泉等。这一带中洼地极少，干谷众多。正地形与普通山地类同，唯山顶有残存的古亚热带发育的缓丘-洼地和缓丘-干谷等地貌。强烈下切的河流形成峡谷，局部地区如拒马河两岸有类峰林地貌。

④干旱地区喀斯特。发育微弱，仅在少数灰岩裂隙中有轻微的溶蚀痕迹，有些裂隙被方解石充填。地下溶洞极少，已不能构成渗漏和地基不稳的因素。

⑤寒冻高原喀斯特。青藏高原喀斯特处于冰缘作用下，冻融风化强烈，喀斯特地貌颇具特色，常见的有冻融石丘、石墙等，其下部覆盖冰缘作用形成的岩屑坡。山坡上发育有很浅的岩洞，还可见到一些穿洞。偶见洼地。

喀斯特的开发利用　喀斯特地区地表异常缺水和多洪灾，对农业生产影响很大。但地下水蕴藏丰富，径流系数在热带喀斯特区域为50%～80%，亚热带喀斯特区域为30%～40%，温带喀斯特区域为10%～20%。在华北一些石灰岩分布地区，地下水在山前以泉的方式流出，如北京玉泉山的泉水、河南辉县的百泉、山西太原的晋祠泉、阳泉的娘子关泉和济南的趵突泉等。合理开发利用喀斯特泉，对工农业的发展有重要意义。在南方多地下河，地下河纵剖面呈阶梯状，有丰富的水能资源，可以筑坝发电。如云南丘北六郎洞水电站，是中国第一座利用地下

河的水电站。湘、黔也利用这种优越条件建造了多座 400 千瓦以上的地下水电站。喀斯特地区的地下洞穴，常造成水库渗漏，对坝体、交通线和厂矿建筑等构成不稳定的因素。研究和探测地下洞穴的分布，及时采取措施，是喀斯特地区建设成功的关键。喀斯特地区有丰富的矿床，如石灰岩、白云岩、大理石、石膏和岩盐等。在喀斯特剥蚀面上和洼地中沉积有铝土矿，古溶洞和裂罅中沉积有铅、锌、硫化物、汞等砂矿体，地下溶洞也是富集石油和天然气的良好场所，华北地区的一些油田就是位于喀斯特区域。有些溶洞可作地下厂址和地下仓库。

中国喀斯特发育的多轮回和地带性特点，形成了各具特色、千姿百态的喀斯特地貌景观和巧夺天工的洞穴奇景，是中国重要的旅游资源。桂林山水、贵州黄果树、四川九寨沟、济南趵突泉和北京附近的拒马河等都已成为闻名于世的游览胜地。

路南石林风光

1．路南石林

中国国家级重点风景名胜区。号称"天下第一奇观"。位于云南省昆明市东南86千米的石林彝族自治县，为云南独具魅力的风景旅游区。面积约350平方千米，怪石遍布，奇峰林立，巨大的石柱犹如森林耸立，分散孤石或像狮子，或如莲花，或似凤凰展翅，甚有酷似迈步从容的老人及传说中的阿诗玛等。分布有大面积厚层二叠系石灰岩，地质构造上正处于向斜轴部，岩层几呈水平状，节理发育。厚层的石灰岩经历了漫长历史时期的高温多雨气候及异常丰富的地下水作用后，逐渐溶蚀而发育成巨大石柱与深切石沟相间的喀斯特地貌形态──石林。在石林东北部有状如蘑菇的"灵芝"林，命名为"乃古"石林，又称黑松岩。石林分布区内多洞穴、地下河、竖井、溶蚀洼地、盲谷分布。其中有一水平溶洞，洞顶遗留的波痕酷似天空白云，故称白云洞。2001年被定为国家地质公园，2004年被联合国教科文组织评为世界地质公园。

2．兴文石林

中国四川省最大石林溶洞分布区。位于四川盆地南部的兴文县境内，连绵30余千米，气势雄伟。该地区气温较高，降水丰富，植物生长迅速，有利于地表岩石风化和喀斯特化过程，因而形成石林遍布，奇峰林立，或状如石牛、石马，或状如石狮、石龙的奇观。面积广达10多平方千米。溶洞纵横，已探明的大小溶洞百余个，面积在1万平方米以上的有20个，有"石海洞乡"之称。其中神风洞面积达20多万平方米，洞内曲折多姿的石笋、石钟乳琳琅满目、形态各异。石笋直径最大者达5米，高20米。天泉洞高50～60米，宽30米，可容纳数万人，景色奇特。此外，洞内暗河深不可测，有珍稀的玻璃鱼和亮虾。

兴文石林

3. 黄果树瀑布

中国重点风景名胜区。位于贵州省西南镇宁布依族苗族自治县境内，北盘江支流打帮河上游。原名白水河瀑布，后因瀑布右岸有一参天大树黄桷树，改称黄桷树瀑布，又谐音为黄果树瀑布。明崇祯十一年（1638），地理学家徐霞客来此考察，因而传名久远。黄果树瀑布为上起白水河、下至螺丝滩瀑布群中最高的一级巨大跌水，高 66 米、宽 80 米，年平均流量 16 米^3/秒，洪峰时流量超过 2000 米^3/秒，极为壮观。瀑布上下共有 9 级，其中上游 3 级，落差合计 24.8 米；下游 5 级，落差合计 12.6 米。9 级瀑布总落差超过 100 米。瀑布以上为宽谷，以下为马蹄形峡谷。瀑布壁面陡直，瀑水飞流直下，在瀑布壁面上除有厚达 8 米的流水钙华外，在钙华与壁面间形成长 42 米的水帘洞。瀑下又有多处冲蚀坑——犀牛潭、马蹄滩等。右侧有暗河，往下游还有从河床涌出的冒水塘。

黄果树瀑布是在三叠系白云质灰岩基础上，由于地面抬升，河流溯源侵蚀而形成裂点，在形成过程中喀斯特发育，下游暗河塌顶，瀑布自身又侵蚀后退而成。黄果树瀑布以其巨大的规模、壮观的景色、悠久的历史和独特的成因闻名。又因该地区喀斯特发育，奇峰异洞、怪石丽水与飞水惊涛、激雾凝虹浑然一体，成为贵州省最瑰丽的游览胜境。建有贵阳至风景区的高等级公路。

4. 九寨沟自然风景区

中国著名自然风景区，中国大熊猫自然保护区。九寨沟地处岷山北麓，因四周分布有荷叶、树正等9个藏族村寨而得名。九寨沟地僻人稀，山高谷深，海子棋布，瀑布栉比。其主沟呈 Y 字形，即由树正群海、日则、则查洼 3 条沟组成。其间有108 个湖泊、17 个瀑布群、5 处钙华滩流、47 眼泉水、11 段激流，以 1000 余米的高差穿行于雪峰、林、谷之间，主沟长 40 多千米。沟内最大的长海，面积7.5平方千米，湖水晶莹清澈。断崖分布于上、下海子之间，每当上海子湖水由断崖滴落流入下海子时，便形成一道道银白色瀑布。最壮观的有树正、诺日朗、珍珠滩瀑布。环绕九寨沟的群山，原始森林茂密。主要树种有岷江冷杉、黄果冷杉、紫果云杉、麦吊杉、圆柏、华山松、油松等针叶树，红白桦、槭树、辽东栎、椴树、山杨等阔叶树，共有植物 1000 种以上。林内有大熊猫、金丝猴、扭角羚、白唇鹿、梅花鹿、毛冠鹿、雪豹、马鹿、鸳鸯、绿尾虹雉等珍禽异兽。是中国唯一、世界罕见的巨大的以高山湖泊群和瀑布群为特色，集群海、溪流、瀑布、雪峰、林莽、钙华滩流等自然景观和藏族风情为一体的风景名胜区。面积约 6 万公顷，是四川仅次于卧龙自然保护区的第二大自然保护区。保护区东面还辟有白河自然保护区。

九寨沟的诺日朗瀑布

第七章 大漠孤烟直——沙漠

［一、沙漠］

　　干旱地区地表为大片沙丘覆盖的区域。广义的沙漠与荒漠相当，狭义的沙漠仅指沙质荒漠。而一般意义上的沙漠泛指风为主要营力，侵蚀和堆积形成地形形态的地区。除沙质荒漠外，还涵盖了砾质荒漠（戈壁）和风蚀地（风城、雅丹和风蚀劣地）。"沙漠"一词最早见于《汉书·苏建传》："径万里兮度沙漠，为君将兮奋匈奴。"在这之前的文献多以流沙称呼之。汉唐文献的大漠、沙碛，均与沙漠同义。宋元文献中开始出现从少数民族语音译的词汇，如从维吾尔语译音的库姆，指大片裸露沙丘覆盖的地区；维吾尔语雅尔达西（具有小陡坎的泥土地）转音为雅丹，用以专指规模中等、由泥岩（土）组成的风蚀地；用蒙古语戈壁来称谓砾质荒漠。

　　依据沙漠水分条件和沙丘固定状况，分为流动沙漠、半固定沙漠和固定沙漠。但缺乏统一的划分标准。中国地理学界把分布在中国贺兰山以西的主要由流动沙丘组成的干旱荒漠地区直呼沙漠，如塔克拉玛干沙漠、巴丹吉林沙漠、腾格里沙漠、乌兰布和沙漠等；把水分条件较好，以固定、半固定沙丘为主，分布在半干旱草原以及部分半湿润地区疏林草原的沙漠称为沙地，如毛乌素沙地、浑善达克沙地、科尔沁沙地等。

全球有沙漠540万平方千米，占全球陆地面积的10.11％。世界上面积超过20万平方千米、连片分布的有八大沙漠，分布在阿拉伯半岛、中亚和澳大利亚。占据阿拉伯半岛的鲁卜哈利沙漠面积65万平方千米，为世界第一大沙漠，也是世界第一大流动沙漠；其次为澳大利亚的大沙沙漠（面积36万平方千米）和中亚卡拉库姆沙漠（面积35万平方千米）；分布在中国新疆塔里木盆地的塔克拉玛干沙漠，面积居世界第四位，是世界第二大流动沙漠，植被覆盖度不足15％，是世界沙漠中植被覆盖度最小的沙漠，从这一角度又被一些人认为是世界上流动性最大的沙漠。撒哈拉沙漠180万平方千米，但被砾漠和岩漠分割成许多小沙漠，较大的东部大沙漠面积19.2万平方千米，西部大沙漠面积10.3万平方千米。

全球流动大沙漠主要分布于非洲、阿拉伯半岛和中国西北地区，面积约350万平方千米，占全球沙漠总面积的65％，其他地区零星分布。这里年降水量一般

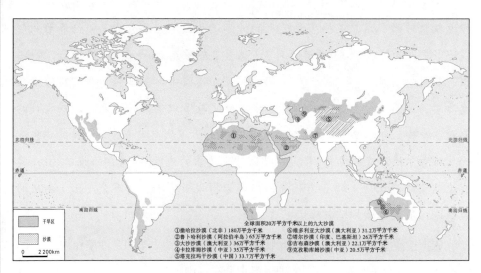

世界干旱区和沙漠分布图

《中国大百科全书》普及版● 如画江山——千姿百态的大地 ruhuajiangshan qianzibaitaidedadi

在100毫米以下，沙丘高大密集，人烟稀少。治沙只能限于防护新、老绿洲，工矿交通及城镇居民点。年降水量100毫米以上的固定、半固定大沙漠面积约190万平方千米，占沙漠总面积的35％，主要分布

阿拉伯大沙漠

在南非、中亚、印巴边界、澳大利亚，以及中国东部沙地区、新疆北部和青海柴达木盆地，与季风气候、地中海气候、高原气候有关。流沙呈斑块状或条带状出现，并且往往与人为破坏沙生植被有关。适度放牧和封育天然沙生植被是治理的关键。湿润和半湿润地区的海岸沙丘面积3万平方千米，沿海岸线窄带状分布。治理沿海风沙危害、开发海岸沙地旅游度假已成为时尚。

[二、中国的沙漠]

中国沙漠（沙地）、戈壁、风蚀地和沙漠化土地的总面积为156.8万平方千米。其中沙漠面积68.4万平方千米（含东部沙地10.3万平方千米），流动沙漠44.6万平方千米，半固定沙漠14.4万平方千米，固定沙漠9.4万平方千米。东部和南部沿海有约2000平方千米海岸沙丘，黄淮海平原、青藏高原以及南方河、湖沿岸也有零星沙地，除青藏高原外多已得到治理或正在治理，开发为农田。

分布　大部深居中国内陆。在乌鞘岭、贺兰山以西，沙漠戈壁分布较为集中，占全国沙漠戈壁总面积的90％。除准噶尔盆地的古尔班通古特沙漠为固定、半固

中国沙漠（沙地）分布位置和面积

沙漠或沙地	地理位置	海拔（m）	面积（10^4km^2）
塔克拉玛干沙漠	新疆塔里木盆地	800～1400	33.7
巴丹吉林沙漠	阿拉善高原西部	1300～1800	约5
古尔班通古特沙漠	新疆准噶尔盆地	300～600	4.88
腾格里沙漠	阿拉善高原东南部	1400～1600	4.27
柴达木盆地沙漠	青海柴达木盆地	2600～3400	3.49
库姆塔格沙漠	阿尔金山以北	1000～1200	2.28
库布齐沙漠	鄂尔多斯高原北部	1000～1200	1.61
乌兰布和沙漠	阿拉善高原东南部	1000	1.4
科尔沁沙地	西辽河下游	100～300	4.23
毛乌素沙地	鄂尔多斯高原中南部	1100～1300	3.98
浑善达克沙地	内蒙古高原东部	1000～1400	2.14
呼伦贝尔沙地	内蒙古高原东北部	600	0.72

定沙丘外，绝大部分以流动沙丘为主，占该地区沙漠面积的75％。该线以东，沙漠戈壁分布零散，面积较小，而且都系半干旱地区的沙地，呈现斑点状流沙与固定、半固定沙丘的交错分布。

气候与水文　中国沙漠分布区气候干旱，降水稀少，年降水量自东向西递减。东部沙区年降水量可达250～500毫米，内蒙古中部及宁夏一带沙区在150～250毫米，阿拉善地区及新疆的沙区均在150毫米以下，其中塔克拉玛干沙漠东部及中部更不及25毫米。沙漠地区全年日照时间一般为2500～3000小时，无霜期一般为120～130天，10℃以上活动积温，除内蒙古东部一些沙区外一般多在3000～5000℃。气温变化很大，年均温差为30～50℃，日较差变化更为显著。风沙频繁是沙区的显著特点，风季风速可达5～6级，风沙日数也在20～100天左右，个别地区可占全年的1/3。除若干过境河流和以高山冰雪补给为主的河流注入，几无由当地地表径流所形成的河流。沙区河流多属内流区水系。

物质组成与形成　青藏高原及其周围一些山地的隆起成为季风的严重障碍，形成干燥少雨的中国西北干旱区。一些山间盆地中大量疏松的不同成因类型的沙质沉积物，又为沙漠的形成提供了物质基础，在风力吹扬搬动堆积作用下形成沙漠。

　　人为因素在一些沙漠边缘和半干旱的草原地带沙地形成过程中也有显著的影响，在历史上沙区存在过若干著名的古城，如喀拉屯、精绝、楼兰、黑城、居延、统万等，反映人类历史时期以来沙漠的变化。特别在草原地带的高强度土地利用（过度农垦放牧及樵柴等）破坏了植被，导致下伏沙质沉积物被风力吹扬搬动堆积形成类似沙漠的景观，在鄂尔多斯、科尔沁等草原都不乏其例。在干旱荒漠地带的一些大沙漠边缘或深入到沙漠中的河流下游流沙景观的形成，往往与上、中游大量用水造成下游绿洲的废弃有关，此外与绿洲边缘植被破坏所造成流沙再起及大沙漠中沙丘前移有关。

　　沙丘是沙漠地表最基本的形态，它是干旱气候条件下风和沙质地表相互作用，并受地面起伏、沙源物质供应情况和水分植被条件等因素影响的产物。这些因素因地而异，形成各种沙丘形态及各种沙丘形态的复合体。如塔克拉玛干沙漠和巴丹吉林沙漠中广泛分布具有层层叠置次一级新月形沙丘、沙丘链的复合型沙丘链等。

楼兰遗址

几种沙丘形态的形成

风信情况	地表裸露	地表有植物
风向较为单一的情况	新月形沙丘及沙丘链	梁窝状沙丘
斜交风	新月形沙垄	沙垄与树枝状沙垄
多方向风	金字塔形沙丘	蜂窝状沙丘
相互垂直方向的风	格状沙丘	沙垄-蜂窝状沙丘

类型　根据沙丘移动速度，中国沙漠地区可以划分为 3 个类型：①慢速类型。年前移值不到 5 米 / 年，包括塔克拉玛干沙漠、巴丹吉林沙漠和腾格里沙漠的大部分、乌兰布和沙漠的南部等。②中速类型。年前移值在 5 ～ 10 米 / 年，包括塔克拉玛干沙漠的西、南、东南边缘，毛乌素沙地的东南与腾格里沙漠的边缘等。③快速类型。年前移值在 10 米 / 年以上。包括塔克拉玛干沙漠南部绿洲边缘、河西走廊的绿洲边缘等。

除塔克拉玛干沙漠东部、北部和河西走廊西部的沙丘自东北向西南移动外，其他各地区包括塔克拉玛干沙漠西部、阿拉善、鄂尔多斯及内蒙古东部等地，沙丘都是由西北趋向东南或由西北向东南方向移动。

特征与分布　中国不同自然地带的沙漠特征各异：

①东北地区西部与内蒙古东部的沙地。包括呼伦贝尔、科尔沁、浑善达克及松嫩地区的零星沙丘等。年降水量 200 ～ 400 毫米，甚可达 500 余毫米；植物生长良好，除草本灌木外，还有乔木（如樟子松、榆、桦等）生长，绝大部分为固定、半固定沙丘。流沙仅作小面积的斑点状分布，其形成绝大部分是由于脆弱的半干旱生态系统受到过度放牧、农垦及樵柴等人为活动破坏植被所造成。只要合理利用土地资源、采取封育和植物固沙措施，能在 3 ～ 5 年时间内使片状分布的流沙逐步得到治理。

②鄂尔多斯沙地。分布在河套以南、长城以北，包括库布齐及毛乌素两沙地，宁夏河东沙地也在本区范围内。区内流动沙丘与固定、半固定沙丘相互交错分布。其间分布有不少下湿滩地、河谷和柳湾林地。历史上长期不合理的土地利用是造成流沙发展的主要原因。治理流沙的方法主要是合理利用土地资源，发展林

牧业，以及采取丘间营造片林、丘表栽植固沙植物相结合的措施。

③阿拉善地区的沙漠。分布在河西走廊以北，中、蒙国境线以南，新疆以东，贺兰山以西的广大地区。自然景观呈现裸露流沙沙丘与戈壁低山相间分布的特征，但仍有局部差异。弱水以西以戈壁及剥蚀山地残丘为主，弱水与雅布赖山之间为巴丹吉林沙漠。沙丘高大，一般 200～300 米，是中国沙丘最高大的沙漠，其东南部还有不少湖盆分布其间。雅布赖山与石羊河下游以东、贺兰山以西的广大地区为腾格里沙漠，呈现流动沙丘与湖盆相间分布的特征。狼山与黄河之间为乌兰布和沙漠。河西走廊的沙漠大部分为零星分布在一些绿洲附近的沙丘。

宁夏毛乌素沙地

④柴达木盆地的沙漠。位于青海西北，是中国沙丘分布地势最高的地区，一般在海拔 2000～2400 米，沙丘分布较为零散，并与戈壁、盐湖、盐土平原相交错。主要的风成地貌系风蚀地。风蚀地由风蚀凹地与风蚀土丘组成，占风成地貌面积的 67%。

⑤新疆东部的沙漠与戈壁。是中国极端干旱地区之一，年降雨量 10～30 毫米，以剥蚀残丘、低山、戈壁与风蚀地沙丘、盐土平原相互交错分布为景观特色。

⑥准噶尔盆地的沙漠。除盆地中央为古尔班通古特沙漠外，还有一些沙漠零星分布在额尔齐斯河下游及艾比湖以西一带。沙漠边缘为洪积、冲积戈壁，西北部则以剥蚀戈壁为主。在古尔班通古特沙漠中则以主要生长梭梭的固定、半固定沙垄为主。

⑦塔里木盆地的沙漠。是中国沙漠分布面积最广的地区，也是中国沙漠热量资源最丰富的地区，自然景观在盆地内呈显著的环状分布特征，盆地中心为塔克拉玛干沙漠。沙漠以流沙占绝对优势，约占沙漠面积的 85%，多系高大的复合型沙丘，一般高 100～150 米，其中高 50 米以上的沙丘占流沙面积的 50%。固定、

半固定的灌丛沙堆分布在沙漠边缘地区。沙漠内部河流沿岸及沙漠边缘洪积冲积扇前缘还分布有以胡杨、怪柳为主的天然植被带，形成沙漠中的天然绿洲。

1、塔克拉玛干沙漠

中国最大的沙漠，世界第二大流动沙漠。介于北纬 36°50′ ～ 41°10′，东经 77°40′ ～ 88°20′。位于中国最大的内陆盆地塔里木盆地的中部，北为天山，西为帕米尔高原，南为昆仑山，东为罗布泊洼地。面积 33.7 万平方千米。

气候极端干旱，年降水量仅 10 ～ 60 毫米，而沙漠内部个别年份降水量却超过 80 毫米，高于沙漠边缘的绿洲。热量资源在中国各沙漠中居第一位，10℃以上的活动积温一般在 4000 ～ 5000℃，无霜期 180 ～ 240 天，年日照时数 3000 ～ 3500 小时。沙漠以流沙占绝对优势，占整个沙漠面积的 85%，且沙丘高大，除边缘外，一般在 50 ～ 100 米以上。

干旱河床遗迹几乎遍布于塔克拉玛干沙漠，湖泊残余则见于部分地区（如沙漠的东部等）。沙漠之下的原始地面多是一系列古代河流冲积扇和三角洲所组成的冲积平原和冲积湖积平原。大致北部为塔里木河冲积平原，西部为喀什噶尔河及叶尔羌河三角洲冲积扇，南部为源出昆仑山北坡诸河的冲积扇三角洲，东部为塔里木河、孔雀河三角洲及罗布泊湖积平原。沙漠沉积物都以超细沙和细沙为主，沙漠南缘厚度超过 150 米。沙漠地下水丰富，但水质较差。

沙漠中某些河床沿岸及冲积扇缘分布有以胡杨、红柳等为主的天然植被，形成沙漠中零散状断续分布的天然绿洲，如和田河及克里雅河下游等。

塔克拉玛干沙漠除局部尚未为沙丘覆盖外，其余多为形态复杂的沙丘所占。沙漠东部主要为延伸很长的巨大复合型沙丘链所组成，一般长 5 ～ 15 千米，最长 30 千米。宽度一般在 1 ～ 2 千米，落沙坡高大陡峭，迎风坡上覆盖有次一级的沙丘链。丘间地宽度为 1 ～ 3 千米，延伸很长，但为一些与之相垂直的低矮沙丘、沙垄所分割，形成长条形闭塞洼地，其间有沮洳地和临时湖泊等分布。沙漠东北部临时湖泊分布较多，但往沙漠中心则逐渐减少，且多处于长期干涸状态。沙漠中心和西南部主要分布复合型纵向沙垄，延伸长度一般为 10 ～ 20 千米，最长可达 45 千米。金字塔状沙丘分布或成孤立的个体（如于田、民丰间），或呈串状组成一狭长而不规则的垄岗。沙漠北部可见高大穹状沙丘，西部和西北部可见鱼鳞状沙丘群。

塔克拉玛干沙漠地表景观塑造的现代营力是风，在风作用下沙丘移动。根据移动速度，沙丘可分为：①慢速的，前移值为小于 1 米 / 年，如沙漠内部的高大沙丘。②中等速度的，前移值为 1 ～ 5 米 / 年，如沙漠西部和北部等。③较快的，前移值为 6 ～ 10 米 / 年，如沙漠的西南部和东南部等。④很快的，前移值为大于 10 米 / 年，最大可在 40 米 / 年以上，如叶城与皮山之间、且末与若羌之间山前沙砾平原上的沙丘等。塔克拉玛干沙漠及周边地区是中国五大沙尘源区之一。

塔克拉玛干沙漠虽以流沙为主，但仍可划分为：①具有风蚀雅丹和沙丘覆盖的罗布泊、孔雀河、塔里木河下游河湖平原。②流动沙丘与灌丛沙堆覆盖的阿尔金山-昆仑山山前洪积、冲积平原。③剥蚀低山与复合型沙丘覆盖的麻扎塔格北部平原。④复合型沙丘覆盖的倍尔库姆。⑤灌丛沙丘及流动沙丘覆盖的塔里木河冲积平原。⑥具有河谷天然绿洲与高大沙山覆盖的塔克拉玛干中部三角洲平原。⑦高大沙山覆盖并有湖泊残余的塔克拉玛干东部平原。盆地内部地下水、石油、天然气资源蕴藏十分丰富。轮南—民丰的沙漠公路穿越塔克拉玛干沙漠。

塔克拉玛干沙漠中的驼队

2.巴丹吉林沙漠

中国第二大沙漠。面积约5万平方千米。主要属内蒙古额济纳旗和阿拉善右旗，东部小范围属阿拉善左旗。"巴丹吉林"系蒙古语，沙漠以一居民点而得名。

地质构造上属阿拉善地块，地貌形态缓和，主要为剥蚀低山残丘与山间凹地相间组成，第四纪沉积物普遍覆盖于地表，形成广泛分布的戈壁和沙漠。

在沙漠范围内，除东、南、北部有小面积的准平原化基岩和残丘外，广大地区全为沙丘覆盖，其中流动沙丘占80％，固定、半固定沙丘面积不大。西部边缘的古鲁乃湖、北部的拐子湖、东部的库乃头庙附近有以梭梭为主的固定、半固定沙丘，面积约3000平方千米，沙丘高大密集，其中高大沙山占沙漠总面积的61％，高度多在200～300米，最高为500米。分有叠置沙丘的复合型沙山、金字塔形沙山及无明显叠置沙丘的巨大沙山3种形式，单纯的沙丘链所占面积较小。在沙漠东南部，沙山之间分布着140多个内陆小湖（俗称海子），面积一般为1～1.5平方千米。湖水多为咸水，不能饮用。湖周植物生长茂密，多为湿生、盐生等类型，常以湖为中心与周围沙丘呈同心圆状分布，接近沙丘的地段出现以沙生植物为主

巴丹吉林沙漠西部的胡杨林

的固定、半固定沙滩。海子周围常为牧场及聚落所在。沙漠西部的额济纳旗胡杨林区是国家级胡杨林自然保护区。

沙漠地区属中温带大陆性气候，年降水量50～60毫米，年平均气温7～8℃，沙面温度达70～80℃。年平均风速4米/秒，八级大风日为30天左右，主要为西北风。沙丘上植物较少，仅于沙丘下部或丘间低地生长有稀疏灌木、半灌木，除梭梭林外，主要生长有沙拐枣、沙竹、霸王、木蓼、沙蒿、柽柳、沙葱等，在沙山与湖泊间常出现有白刺沙堆。

沙漠平均每10平方千米不到1人。在整个沙漠内部，仅有巴丹吉林庙和库乃头庙两大居民点。基本无种植业。全部经营牧业，骆驼为主要家畜，数量居全国各旗县之冠；次为山绵羊。沙漠内部无固定道路，横穿腹部异常困难，中部和东北部基本为无水区。东南部的雅布赖盐湖盛产食盐，西部的古鲁乃湖及巴丹吉林庙附近的一些湖泊内有碳酸钠沉积。

3. 古尔班通古特沙漠

中国第三大沙漠。位于新疆维吾尔自治区北部，准噶尔盆地的中央。面积4.88万平方千米。由4片沙漠组成：西部为索布古尔布格莱沙漠，东部为霍景涅里辛沙漠，中部为德佐索腾艾里松沙漠，其北为阔布北-阿克库姆沙漠。

准噶尔盆地属温带干旱荒漠。年降水量70～150毫米，冬季有积雪。降水春季和初夏略多，年中分配较均匀。沙漠内部绝大部分为固定和半固定沙丘，其面积占整个沙漠面积的97%，形成中国面积最大的固定、半固定沙漠。固定沙丘上植被覆盖度40%～50%，半固定沙丘上15%～25%，为优良的冬季牧场。沙漠内植物种类较丰富，植物区系成分处于中亚向亚洲中部荒漠的过渡。沙漠的西部和中部以中亚荒漠植被区系的种类占优势，如白梭梭、苦艾蒿、白蒿、囊果苔草和多种短命植物等；在沙漠东部和南部边缘，亚洲中部植物区系种类较多，如梭梭、蛇麻黄、花棒等。古尔班通古特沙漠的梭梭分布面积100万公顷，在古湖积平原和河流下游三角洲上形成"荒漠丛林"，使该沙漠生存环境基本稳定，原始状态保持较好。

沙漠的沙粒主要来源于天山北麓各河流的冲积沙层，以细沙、中沙粒级为主。沙漠中最有代表性的沙丘类型是沙垄，占沙漠面积的50％以上。沙垄平面形态呈树枝状，其长度从数百米至十余千米，高度10～50米不等，南高北低。在沙漠的中部和北部，沙垄的排列大致呈南北走向；在沙漠东南部呈西北–东南走向。在沙漠的西南部分布着沙垄–蜂窝状沙丘和蜂窝状沙丘，南部出现有少数高大的复合型沙垄。流动沙丘集中在沙漠东部，多属新月形沙丘和沙丘链。沙漠西部的若干风口附近，风蚀地貌异常发育，其中以乌尔禾的"风城"最著名。

沙漠中风沙土广泛分布。沙漠南缘平原上发育灰棕漠土，1949年后已大量开垦。人为活动破坏了天然植被，造成沙漠边缘流沙再起和风沙危害，流沙和半流沙面积一度由3％上升到15％。沙漠西缘建有甘家湖梭梭林自然保护区和艾比湖湿地自然保护区。

古尔班通古特沙漠腹地地下水位在100～200米以上，但沙丘中有悬湿沙层。沙漠地下石油资源丰富。

4．腾格里沙漠

中国第四大沙漠。位于内蒙古自治区阿拉善盟东南部，面积4.27万平方千米。行政区划主要属阿拉善左旗，西部和东南边缘分别属于甘肃省民勤县、武威市和宁夏回族自治区的中卫县。沙漠包括北部的南吉岭和南部的腾格里两部分，习惯统称腾格里沙漠。

腾格里沙漠

沙漠内部沙丘、湖盆、山地、平地交错分布。其中沙丘占71%，湖盆占7%，山地残丘及平地占22%。在沙丘中，流动沙丘占70%，余为固定、半固定沙丘。沙丘高度一般为10～20米，主要为格状沙丘及格状沙丘链，新月形沙丘分布在边缘地区。高大复合型沙丘链则见于沙漠东北部，高度约50～100米。固定、半固定沙丘主要分布在沙漠的外围与湖盆的边缘，其上植物多为沙蒿和白刺。在流动沙丘上有沙蒿、沙竹、芦苇、沙拐枣、花棒、柽柳、霸王等，生长较巴丹吉林沙漠为好。在沙漠西北和西南的麻岗地区还有大片麻黄，在梧桐树湖一带沙丘间有天然胡杨次生林。

沙漠内大小湖盆420多个。多为无明水的草湖，面积在1～100平方千米。呈带状分布，水源主要来自周围山地潜水。湖盆内植被类型以沼泽、草甸及盐生等为主，是沙漠内部的主要牧场。

山地大部分为被流沙掩没或被沙丘分割的零散孤山残丘，如阿拉古山、青山、头道山、二道山、三道山、四道山、图兰泰山等。沙漠内部的平地主要分布在东南部的查拉湖与通湖之间。沙漠中的湖盆边缘有小面积开垦。人口密度较巴丹吉林沙漠大，居民点分布在较大的湖盆外围。沙漠边缘有通湖、头道湖、温都尔图和孟根等居民点，此外还有一些固沙林场。沙坡头附近为国家自然保护区，面积1.27万公顷。

沙漠内部无固定道路，因沙丘较小而居民点较多，东西通道常直穿沙漠而过。包兰铁路穿过沙漠东南缘。沙漠内部的查汗池、红盐池和屯池等盛产食盐。居民以蒙古族为主，经营畜牧业，定居放牧。沙漠现代演变速度较慢，只有5.2%的沙漠发生了变化，沙漠活化和沙漠扩缩变化均很少。

5. 毛乌素沙地

中国第六大沙漠。位于鄂尔多斯高原与黄土高原之间的湖积冲积平原凹地上。包括内蒙古自治区的南部、陕西省榆林市的北部风沙丘和宁夏回族自治区盐池县东北部。面积3.98万平方千米。其中，固定、半固定沙丘占沙地总面积的66.5%，流动沙丘占沙地总面积的32.7%。地名源于陕北靖边县海则滩乡毛乌素村。自定边孟家沙窝至靖边高家沟乡的连续沙带，称小毛乌素沙带，是最初理解的毛乌素范围。由于陕北长城沿线的风沙带与内蒙古鄂尔多斯市南部的沙地是连续分布在一起的，因而将鄂尔多斯高原东南部和陕北长城沿线的沙地统称为毛乌素沙地。

毛乌素沙地海拔多为 1100 ～ 1300 米，西北部稍高，东南部河谷低至 950 米。出露于沙区外围和伸入沙区境内的梁地主要是白垩纪红色和灰色砂岩，岩层基本水平，梁地大部分顶面平坦。第四系沉积物均具明显沙性，松散沙层经风力搬运，形成易动流沙。平原高滩地（包括平原分水地和梁旁的高滩地）主要分布全新统至上更新统湖积冲积层。沙区年平均气温 6.0 ～ 8.5℃。年降水量 250 ～ 440 毫米，集中于 7 ～ 9 月，占全年降水量的 60%～ 75%。降水年际变率大，常发生旱灾和涝灾，且旱多于涝。夏季常降暴雨，又多雹灾，最大日降水量 100 ～ 200 毫米。沙地东部年降水量 400 ～ 440 毫米，属淡栗钙土干草原地带，流沙和巴拉（半固定和固定沙丘）广泛分布；西北部年降水量为 250 ～ 300 毫米，属棕钙土半荒漠地带。沙区植被和土壤反映出过渡性特点。除向西北过渡为棕钙土半荒漠地带外，向西南到盐池一带过渡为灰钙土半荒漠地带，向东南过渡为黄土高原暖温带灰褐土森林草原地带。

沙区土地利用类型较复杂，不同利用方式常交错分布在一起。农林牧用地的交错分布自东南向西北呈明显地域差异，东南部自然条件较优越，人为破坏较严重，流沙比重大；西北部除有流沙分布外，还有成片的半固定、固定沙地分布。东部和南部地区农田高度集中于河谷阶地和滩地，向西北则农地减少，草场分布增多。现有农、牧、林用地利用不充分，经营较粗放。

第八章 春风不度——戈壁

[一、戈壁]

　　地面为碎石或卵砾石覆盖的荒漠地区。"戈壁"一词来自蒙古语,原意指"茫茫一片碎石覆盖,不生草木的地方"。广义的戈壁包括岩漠和砾漠;狭义的戈壁仅指大小砾石覆盖的砾漠。

　　岩漠　地表组成物质多为粗大风化岩块和平缓的基岩露头,又称剥蚀碎石石质戈壁。地面波状起伏,水土缺乏,植被覆盖度一般在10%以下。常见小型风蚀地貌,如蘑菇石、风蚀坑、风蚀洞、风蚀残丘等。它有两个显著的特征:一是风棱石相当普遍,多呈三棱形,表面十分光滑;二是暴露地表的岩石和碎石,由于表面水分蒸发时所溶解的矿物残留下来并经过磨蚀,天长日久形成一层乌黑发亮的深褐色铁锰化合物——荒漠漆,漆厚约1毫米,地表因一片黑色,被称为黑戈壁。撒哈拉沙漠的岩漠和砾石戈壁占总面积的70%以上;中国戈壁的面积与沙漠相当,岩漠主要集中在新疆东部和河西走廊西部干燥剥蚀准平原化的高原和低山残丘上，包括中央戈壁、噶顺戈壁和准噶尔盆地东部的诺敏戈壁。

砾漠 又称砂砾石戈壁。根据戈壁砾石层厚度和形成过程分为堆积砂砾石戈壁和风蚀砂砾石戈壁。①堆积砂砾石戈壁。简称堆积戈壁。地表物质成分主要是砾石并夹有沙土，多见于山麓倾斜平原地带。堆积砂砾石戈壁的物源是山地风化剥蚀的岩石碎屑，经流水搬运出山后，随着流水流速骤减，沉积在山麓地带，形成大面积堆积厚度几十米到几百米、砾径大小混杂的洪积扇。由于山麓河流较多，水分条件较好，堆积砂砾石戈壁地区的植被覆盖度可达10％～30％。堆积戈壁一般形成时间较短，砾石表面岩漆化过程不充分，难以形成荒漠漆皮，堆积戈壁表面保留原来堆积时的色调，呈浅灰色，故对应上述之黑戈壁称白戈壁。世界荒漠地区各大剥蚀山脉山前都有堆积戈壁存在。如中国西北准噶尔、塔里木和柴达木盆地周边的山系，祁连山、阿尔金山、昆仑山、天山、阿尔泰山，山麓地带都分布着这类戈壁。②风蚀砂砾石戈壁。简称风蚀戈壁。地表物质为一薄的砾石层，厚度大致相当于砾石的最大直径。下部仍为砂砾石、土状堆积物的混杂堆积，故也有人称其为假戈壁。分布在高平原、远离山麓的混杂堆积地区。风蚀戈壁一般分布在有季节性降水的地区，水分条件较好，植被覆盖度10％～30％，

荒漠植物驼绒藜

形成戈壁草原，是荒漠草原带的一部分。中国内蒙古高原的中西部多出现风蚀戈壁。现代沙漠化过程的砾质化是在现代人为作用干扰下，土地向近似风蚀戈壁类型的发展过程。

《中国大百科全书》普及版◎ 如画江山——千姿百态的大地

ruhuajiangshan qianzibaitaidedadi

[二、中国的戈壁]

蒙古语和满语中的"戈壁"系指内蒙古高原上地面较平坦、组成物质较粗疏、气候干旱、植被稀少的广大地区。文中"戈壁"仅指砾质、石质荒漠、半荒漠平地，而"沙漠"则仅指荒漠、半荒漠和干草原地沙地。中国的戈壁广泛分布于温都尔庙—百灵庙—鄂托克旗—盐池一线以西北的广大荒漠、半荒漠平地，总面积约45.5万平方千米。

自然特征 戈壁的主要自然特征是：①气候干旱，年降水量在200毫米以下，干燥度在20以上。寒暑变化剧烈，气温年较差一般达40℃以上，夏秋季日较差亦达30℃以上。日照丰富，风力劲道。②地面组成物质以粗大的砾石或基岩为主。经准平原作用而形成的石质戈壁地区，绝大部分是被覆薄层砾砂的削平的基岩，水土极端缺乏，植物极难生长。在由厚层堆积物覆盖的砾石戈壁上，地面组成物质各处不同，但以具有一定比例的砾石并以具有显著的"砾面"为共同特色。③地面平坦，但也略有起伏，微型凹下的侵蚀沟广布，形成较良好的水土和小气候条件，植物生长亦较好。④水源缺乏，属于内陆流域，地表径流稀少（多由区外流入），地下水位较低。局部地区，特别是河流两岸和盆地边缘，也有较多的地表水及地下水，为开发利用和改造戈壁提供有利条件。⑤土壤以肥力较低的棕色荒漠土、灰棕荒漠土和棕钙土为主，土层薄，质地粗，水分和养分缺乏，而盐分含量丰富。⑥植被较沙漠更为稀疏，以灌木、半灌木荒漠和荒漠草原为主，种属较单纯。

类型 戈壁可分为剥蚀（侵蚀）和堆积两大类型，并可再分为若干亚类。各种戈壁类型往往由山地向两侧谷地或盆地作带状排列。

①剥蚀（侵蚀）类型。戈壁形成过程以剥蚀（侵蚀）作用为主。主要分布于内蒙古高原中西部及其边缘山地，为白垩纪以来连续耸起成陆，其后未经海侵或剧烈地壳运动因而长期处于剥蚀作用的地区。地面组成物质较粗，起伏稍大，基岩时常裸露，砾石堆积很薄，水土资源贫乏。本类型又可分为2个亚类：

ⓐ剥蚀（侵蚀）石质戈壁。作狭带状分布于马鬃山等内蒙古高原边缘山地及

其山前地带，准平原化现象显著，地面几乎全部为戈壁，而戈壁面上基本没有或很少堆积物，因而大部分地方基岩裸露，山地基本削平，仅以零星残丘存在。地面平坦而略有起伏，侵蚀沟广布。常流河缺乏，地下水位埋深 10 米以上。土壤瘠薄，以粗骨质石膏棕色荒漠土和石膏灰棕荒漠土为主，植被极稀疏，覆盖度不及 1%～5%，以散生的红砂、泡泡刺、勃氏麻黄、梭梭等为主。

　　ⓑ剥蚀（侵蚀）-坡积-洪积粗砾戈壁。广布于内蒙古高原中西部，在马鬃山、天山等山麓地带也有狭带状分布。地面组成物质以直径 2～20 厘米粗砾为主，由坡积—洪积作用而成，带棱角，分选作用和磨圆度不佳，一般堆积物厚度不到1 米，其下即为削平的基岩；距山地愈远，堆积物的颗粒愈细，厚度也愈大，地面基本平坦，自山地向两侧逐渐倾斜，坡度一般为 3°～5°，侵蚀沟发达，但常流河不多，地下水位深达 10 米以上。土壤瘠薄，以砾质灰棕荒漠土和棕钙土为主。植被覆盖度一般为 1%～5%，以红砂、泡泡刺、珍珠、包大宁等为主。

　　②堆积类型。戈壁形成过程以堆积作用为主。主要分布于塔里木盆地、准噶尔盆地、柴达木盆地及河西走廊等内陆盆地边缘及山麓地带。上述内陆盆地周沿的高大山地（昆仑山、天山、阿尔泰山、祁连山等）经长期剥蚀和侵蚀后，产生大量岩屑碎石，在山麓及盆地边缘堆积，即为戈壁形成的丰富物质基础。昆仑山北麓戈壁带宽达 200 千米，酒泉附近祁连山北麓砾石层厚达 700～800 米。本类型包括下列 3 个亚类：

　　ⓐ坡积-洪积碎石和砾砂戈壁。主要分布于山间盆地的边缘和山麓地带。戈壁分布特点是与石质低山及山间盆地相错综，或广大成片，或较为零星。戈壁的地区差异性甚显著。例如在马鬃山地，戈壁分布于山间盆地的边缘，由强烈剥蚀的古老岩层风化物就近坡积和洪积而成，地面坡度达 3°～5°，砾径多为 3～10厘米，一般具有明显的漆皮，当地称为黑戈壁，土壤多为贫瘠而厚仅 50～60 厘米的石膏棕色荒漠土，植被覆盖度 5% 左右，人烟稀少；在祁连山地则情况不同，由洪积-坡积形成的戈壁位于海拔 2200 米以下的山间盆地边缘，组成物质为粗大的砾石和碎石，呈灰色或灰黑色，当地称为白戈壁，地面坡度达 5°～10°，降水较多，水文网较密，植被较好，覆盖度可达 20%～30% 左右，基本上已绿化。

ⓑ洪积-冲积砾石戈壁。分布面积在堆积类型中最为广阔。地貌上相当于山麓扇形地，地面绝大部分是砾石戈壁，主要由第四纪洪积物、冲积物组成。砾石磨圆度较好，分选较明显。戈壁分布和性质也表现了地区差异。例如在马鬃山南麓倾斜平原，砾石戈壁作东西向的狭带，砾石层约厚 10 ～ 20 米，砾径 2 ～ 10 厘米，均有棱角和漆皮；祁连山北麓扇形地，其砾石戈壁作东西向的宽带，砾石层厚 100 米左右，砾径 2 ～ 20 厘米，磨圆度较好，呈灰色及灰黑色。

　　ⓒ冲积-洪积沙砾戈壁。多位于山麓冲积扇前缘，或沿现代和古代河床及局部洼地分布，戈壁散布于绿洲或盐碱滩之中，面积不大，自然条件在各类戈壁中最为良好。例如疏勒河中下游戈壁，主要由河流冲积沙砾组成，水平层次明显，砾石磨圆度较佳，分选作用显著，砾径以 1 ～ 5 厘米居多。有河水可供灌溉，地下水位深不及 5 米，可挖沟灌溉。土壤为肥力较高的冲积土，细土物质较其他戈壁类型为多，土层较厚，植被也较茂密，以骆驼刺、勃氏麻黄、泡泡刺等为主。

卡拉麦里山将军戈壁